全 国 高 职 高 专 水 利 水 电 类 精 品 规 划 教 材

水利工程制图

主　编　柯昌胜　李玉笄
副主编　刘桂书　欧阳红

中国水利水电出版社
www.waterpub.com.cn

内 容 提 要

本书是《全国高职高专水利水电类精品规划教材》中的一本，参照教育部《高等学校工程专科土木建筑制图课程教学基本要求》编写而成。

本书主要内容包括制图的基本知识、投影制图、工程形体的表达方法和专业制图四部分，共 10 章。

本书执行最新的技术制图国家标准。与本书配套的《水利工程制图习题集》，由中国水利水电出版社同期出版。

本书既可作为高职、高专及成人高校水利水电类专业工程制图教材，亦可供有关工程技术人员参考。

图书在版编目（CIP）数据

水利工程制图/柯昌胜，李玉笋主编 . —北京：中国水
利水电出版社，2005（2021.6 重印）
全国高职高专水利水电类精品规划教材
ISBN 978 - 7 - 5084 - 3160 - 4

Ⅰ . 水… Ⅱ . ①柯…②李… Ⅲ . 水利工程-工程制图-
高等学校：技术学校-教材 Ⅳ . TV222.1

中国版本图书馆 CIP 数据核字（2005）第 093041 号

书　　　名	全国高职高专水利水电类精品规划教材 **水利工程制图**	
作　　　者	主编　柯昌胜　李玉笋	
出 版 发 行	中国水利水电出版社 （北京市海淀区玉渊潭南路 1 号 D 座　100038） 网址：www. waterpub. com. cn E - mail：sales@ waterpub. com. cn 电话：（010）68367658（营销中心）	
经　　　售	北京科水图书销售中心（零售） 电话：（010）88383994、63202643、68545874 全国各地新华书店和相关出版物销售网点	
排　　　版	中国水利水电出版社微机排版中心	
印　　　刷	北京市密东印刷有限公司	
规　　　格	184mm×260mm　16 开本　13.5 印张　320 千字	
版　　　次	2005 年 8 月第 1 版　2021 年 6 月第 14 次印刷	
印　　　数	48101—52100 册	
定　　　价	**43.00 元**	

序

教育部在《2003-2007年教育振兴行动计划》中提出要实施"职业教育与创新工程"，大力发展职业教育，大量培养高素质的技能型特别是高技能人才，并强调要以就业为导向，转变办学模式，大力推动职业教育。因此，高职高专教育的人才培养模式应体现以培养技术应用能力为主线和全面推进素质教育的要求。教材是体现教学内容和教学方法的知识载体，进行教学活动的基本工具；是深化教育教学改革，保障和提高教学质量的重要支柱和基础。所以，教材建设是高职高专教育的一项基础性工程，必须适应高职高专教育改革与发展的需要。

为贯彻这一思想，在继2004年8月成功推出《全国高职高专电气类精品规划教材》之后，2004年12月，在北京，中国水利水电出版社组织全国水利水电行业高职高专院校共同研讨水利水电行业高职高专教学的目前状况、特色及发展趋势，并决定编写一批符合当前水利水电行业高职高专教学特色的教材，于是就有了《全国高职高专水利水电类精品规划教材》。

《全国高职高专水利水电类精品规划教材》是为适应高职高专教育改革与发展的需要，以培养技术应用性的高技能人才的系列教材。为了确保教材的编写质量，参与编写人员都是经过院校推荐、编委会答辩并聘任的，有着丰富的教学和实践经验，其中主编都有编写教材的经历。教材较好地贯彻了水利水电行业新的法规、规程、规范精神，反映了当前新技术、新材料、新工艺、新方法和相应的岗位资格特点，体现了培养学生的技术应用能力和推进素质教育的要求，具有创新特色。同时，结合教育部两年制高职教育的试点推行，编委会也对各门教材提出了满足这一发展需要的内容编写要求，可以说，这套教材既能够适应三年制高职高专教育的要求，也适应了两年制高职高专教育培养目标的要求。

《全国高职高专水利水电类精品规划教材》的出版，是对高职高专教材建设的一次有益探讨，因为时间仓促，教材可能存在一些不妥之处，敬请读者批评指正。

《全国高职高专水利水电类精品规划教材》编委会

2005年6月

前言

本书是《全国高职高专水利水电类精品规划教材》中的一本，参照《高等学校工程专科土木建筑制图课程教学基本要求》编写的，适合高职高专水利水电类专业以及相近专业使用。

本书主要有以下特点：

（1）基础知识与工程形体相融合的教材体系。在教材中，建立了以"形体"为主线的教材体系。从对基本体的认识开始，建立投影概念；通过对形体投影的分析，认识空间几何元素的投影特点。立体的投影贯穿于整个教材，充分体现基础知识与工程形体之间的联系，注重对学生形象思维能力的培养。

（2）精选教材内容，力求少而精。在教材中，较大幅度地削减了画法几何的内容，降低了求解立体表面交线的难度，降低了对仪器绘图的要求并减少了练习。

（3）加强综合能力的培养。对手工绘制草图的介绍作了较高的要求，有利于培养学生的综合动手能力。

（4）结合实际，注重应用。本书力求结合生产实践，所采用的大量插图，特别是专业图，大多来自生产实际，其结构的复杂程度均以满足教学需要为主，并适合高职高专的教学特点。

（5）编写严谨、规范。本书采用了最新技术制图国家标准和行业制图标准。

（6）与本书配套的《水利工程制图习题集》，由中国水利水电出版社同期出版。

本书由柯昌胜、李玉笄主编，刘桂书、欧阳红任副主编。参加本书编写的有：长江工程职业技术学院柯昌胜（绪论、第 1、2、3、9、10 章），福建水利电力职业技术学院李玉笄（第 5、6 章），长江工程职业技术学院刘桂书（第 7、8 章）和欧阳红（第 4 章）。

傅圻、金爱梅和祁声震在本书编写过程中给予了很大帮助，在此一并深表谢意。

由于组织编写具有高职高专特色的水利工程制图教材的工作刚刚起步，限于编写时间和编者水平，书中难免存在缺点和错误，真诚欢迎广大读者给予批评和指正。

编 者

2005 年 6 月于赤壁

目 录

绪　　论

一、本课程的性质和任务

建造房屋、兴修水利工程、制造机器设备等，首先都要由设计部门根据使用要求进行设计，画出图样，然后才能按图样进行施工。因此，工程图样被喻为"工程技术界的语言"。它是工程技术人员表达技术思想的重要工具，也是工程技术部门交流技术经验的重要资料。

本课程就是研究阅读和绘制工程图样的一门技术基础课。它介绍工程图样的图示原理、阅读和绘制图样的方法以及有关标准处理。其主要任务是：

学习投影法（主要是正投影法）的基本理论及其应用。

培养空间想象力和形体表达的能力。

培养阅读和绘制有关专业图样的基本能力。

此外，在教学过程中还要注意有意识地培养学生的自学能力、创造能力，以及认真负责、严谨细致的工作作风。

二、本课程的学习方法

工程制图是一门理论性、实践性很强的技术基础课。因此，在学习过程中必须始终注意把投影理论与看图、画图的实践紧密地结合起来，同时在看图、画图的实践中努力培养空间想象力和形体表达的能力，并加强基本功的训练。

现对学习本课程的方法提出以下建议：

（1）要随时注意分析平面图形与空间形体之间的对应关系，逐渐养成分析与想象相结合的学习方法和习惯，建立由简单到复杂的空间概念。

（2）要循序渐进地、熟练地掌握点、线、面等几何元素投影的基本概念、基本理论及基本作图方法。只有熟练地掌握基本作图方法以后，才能进行更深入的学习。

（3）课堂上认真听讲，注意教师讲解空间几何关系的分析和投影的作图方法。复习时要边看书边动手作图，并完成一定数量的作业。在学习过程中还可以借助模型帮助理解，从而解决存在的疑难问题。

（4）在画图实践中，要严格遵守有关制图标准和规定，要养成正确使用绘图仪器和工具的习惯，遵循正确的作图步骤和方法，不断提高绘图效率。

第1章 制图基本知识

1.1 制图标准简介

图样是工程技术界的语言。为了使工程图样基本统一，图样清晰简明，便于技术交流，能满足设计、制造、施工、管理的要求，所绘制的图样必须遵守国家制图标准。

本教材涉及水利、建筑、机械等多个专业的制图标准，因此在各专业图的章节中将介绍和使用各自制图标准。而在本章中，针对各专业所具有共性的内容，主要介绍和使用《技术制图》标准及《水利水电工程制图》、《房屋建筑制图》、《机械制图》中的有关标准。

1.1.1 图幅、图框

图幅是指所用图纸的幅面。幅面的尺寸应符合表1-1的规定及图1-1的格式。图1-1（a）所示为不留装订边图纸的图框格式，图1-1（b）所示为留有装订边图纸的图框格式。

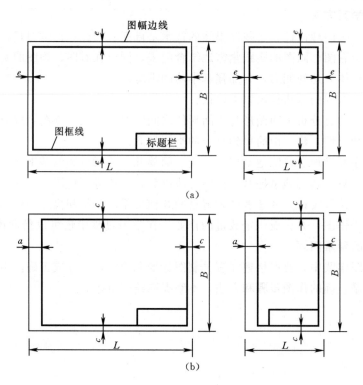

(a)

(b)

图1-1　图纸幅面和图框格式

（a）不留装订边；（b）留有装订边

表 1-1 图纸幅面及图框尺寸（mm）

幅面代号	A0	A1	A2	A3	A4
$B \times L$	841×1189	594×841	420×594	297×420	210×297
e	20			10	
c	10			5	
a	25				

必要时，图纸幅面可按规定加长（参阅 GB—T14689—93《技术制图图纸幅面和格式》）。

标题栏的位置应按图 1-1 的方式配置，看图的方向与标题栏方向应一致。标题栏的格式、内容等有关标准有相应规定。制图作业的标题栏建议使用图 1-2 的格式，其中除签名外，一律用工程字书写。

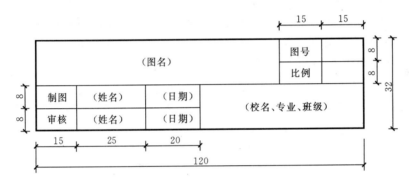

图 1-2 制图作业标题栏（单位：mm）

1.1.2 比例

图样的比例是指图形与其实物相应要素的线性尺寸之比。比例大小是指比值的大小，如 1∶50 即图上的尺寸为 1，而实物尺寸为 50。

绘图所用的比例，应根据图样的用途和复杂程度，从表 1-2 中选用，并优先选用常用比例或按专业绘图规定选用。

表 1-2 绘图所用的比例

常用比例	原值比例	1∶1
	放大比例	5∶1　　　2∶1 $5 \times 10^n ∶ 1$　$2 \times 10^n ∶ 1$　$1 \times 10^n ∶ 1$
	缩小比例	1∶2　　　1∶5　　　1∶10 $1∶2 \times 10^n$　$1∶5 \times 10^n$　$1∶1 \times 10^n$
可用比例	放大比例	4∶1　　　2.5∶1 $4 \times 10^n ∶ 1$　$2.5 \times 10^n ∶ 1$
	缩小比例	1∶1.5　　1∶2.5　　　1∶3　　　1∶4 $1∶1.5 \times 10^n$　$1∶2.5 \times 10^n$　$1∶3 \times 10^n$　$1∶4 \times 10^n$

比例一般应标注在标题栏中的比例栏内，必要时，可在视图名称的下方或右侧标注比

例，字体比图名的字体小1号或2号，如图1-3所示。

A向 **平面图**1:100
1:100

图1-3 比例的注写

1.1.3 字体

工程图上的字体包括汉字、字母和数字书写时必须做到：字体工整、笔划清楚、间隔均匀、排列整齐。

1. 汉字

汉字应书写成长仿宋字，并遵守国务院正式公布的《汉字简化方案》。

汉字的字高用字号表示，如高5mm的字就是5号字。常用字号有2.5、3.5、5、7、10、14号等。h表示字高，本号字高为上一号字宽。长仿宋字应写成直体字。

长仿宋字的特点是笔划挺竖、粗细均匀、起落带锋、整齐秀丽。

表1-3所示为仿宋汉字的基本笔划，图1-4所示为长仿宋体字字例。

表1-3 仿宋体字基本笔划

名称	横	竖	撇	捺	挑	点	钩
形状	一	 丨	 ノ	 ＼	 ／ 一	 八	 ㄱㄴ
笔法	 一	 丨	 ノ	 ＼	 ／ 一	 八	 ㄱㄴ

机械零件水利电力工程
螺纹齿轮盖箱轴承键销
大坝溢洪道渠闸堤房屋
平立剖总详图板梁柱基
础设计施工制造管理审
核材料重量号比例数标

图1-4 长仿宋体字字例

2. 字母和数字

拉丁字母、阿拉伯数字和罗马数字根据需要可以写成直体或斜体。斜体的倾斜度应是以底线为准向右倾斜 75°。字母、数字在与汉字写在一起时，宜写直体字。

拉丁字母和数字的书写字例见图 1-5。

图 1-5 拉丁字母、阿拉伯数字、罗马数字字例

1.1.4 图线

国标对图线的规定包括两个方面，即线宽和线型。

1. 线宽

图线宽度（d）应按图样的类型和尺寸大小在下列数系中选择：0.13、0.18、0.25、0.35、0.5、0.7、1.0、1.4、2.0。粗线、中线和细线的宽度比率为 4:2:1。在同一张图样中，同类图线的宽度应一致。

2. 线型

国标列有不同粗细的实线、虚线、点画线、双点画线及波浪线等式样，作为基本线型，供各专业图样选用。表 1-4 列出了一些主要线型及其用途。

表 1 - 4   常用图线的种类及用途

图线名称	图线型式	图线宽度	一般用途
粗实线	——————	d	可见轮廓线
细实线	——————	$0.25d$	尺寸线，尺寸界线，剖面线，引出线
虚　线	- - - - - -	$0.5d$	不可见轮廓线
	- - - - - -	$0.25d$	
细点画线	—·—·—·—	$0.25d$	对称线，轴线，中心线
细双点画线	—··—··—	$0.25d$	假想投影轮廓线，中断线
折断线	——／\———	$0.25d$	断裂处的边界线
波浪线	～～～～	$0.25d$	断裂处的边界线，视图和剖视的分界线

绘图时应注意：

（1）在同一图样中，同类图线的宽度应基本一致，虚线、点画线或双点画线的线段长度和间隔，宜大体相等。

（2）在较小的图形上绘制点画线、双点画线有困难时，可用细实线代替。

（3）点画线或双点画线的两端不应是点，点画线与点画线相交或点画线与其他图线相交时应是线段相交，如图 1 - 6 所示。

（4）虚线与虚线相交或虚线与其他图线相交时应是线段相交，虚线位于实线的延长线时不得与实线连接，如图 1 - 6 所示。

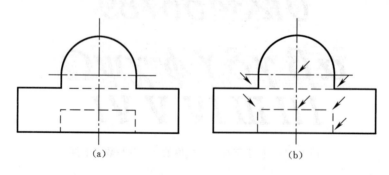

(a)　　　　　　　　　(b)

图 1 - 6　画图线要注意的问题
（a）正确的画法；（b）错误的画法

1.1.5　尺寸标注

用图线画出的图样只能表示形体的形状，必须在标注尺寸才能确定其大小。下面介绍尺寸标注的一般规则。

1. 尺寸标注的四要素（见图 1 - 7）

（1）尺寸界线。尺寸界线用细实线画，一般从被标注线段两端垂直地引出。在房屋图中，尺寸界线应离开图样的轮廓线不小于 2mm，如图 1 - 7（a）所示；在机械图中，尺寸界线不应离开图样的轮廓线，如图 1 - 7（b）所示。

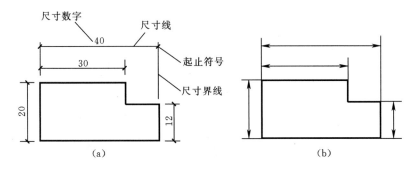

图 1-7 尺寸标注的四要素

(a) 房屋图中的尺寸线;(b) 机械图中的尺寸线

(2) 尺寸线。尺寸线与被标注的线段平行,与尺寸界线垂直相交。相交处尺寸线不能超过尺寸界线,而尺寸界线应超出尺寸线 2~3mm,如图 1-7 所示。

尺寸线与最近的图样轮廓线间距不宜小于 10mm,相互平行的两尺寸线间距宜为 7~10mm。尺寸应由小到大、从里向外排列。

(3) 尺寸起止符号。在机械图中有两种形式:一种用箭头表示,它适用于各种类型的机械图样;一种用斜线表示,其倾斜方向应以尺寸界线为准,成顺时针 45°,长度约 2~3mm,用细实线绘制,如图 1-8 所示。在房屋图中,一般用斜线表示,不同的是斜线用中实线绘制。无论是机械图还是房屋图,半径、直径、角度和弧长的尺寸在反映圆弧实形的图上标注时,其起止符号要用箭头表示。

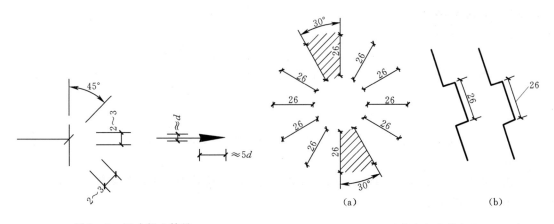

图 1-8 尺寸起止符号   图 1-9 尺寸数字标注的方向

(4) 尺寸数字。尺寸数字一律用阿拉伯数字书写。长度单位在不同专业图中有具体规定,在机械图中一律以毫米为单位,在房屋图和水工图中除标高及总平面图以米为单位外,其余均以毫米为单位。长度单位在图中一般都省略不标。

尺寸数字一般写在尺寸线的中部。水平方向的尺寸,尺寸数字写在尺寸线的上方,字头朝上。竖直方向的尺寸,尺寸数字写在尺寸线的左侧,字头朝左。倾斜方向的尺寸,尺寸数字应按图 1-9 的形式注写。注意,在图 1-9 (a) 中 30°影线范围内的尺寸应按图 1-9 (b) 的形式注写。

当尺寸界线间隔较小时，可按图1-10的形式注写。

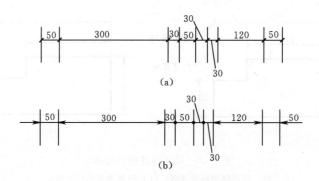

图1-10　小尺寸标注法

2. 直径、半径的尺寸标注

（1）直径尺寸。标注圆和大于半圆的圆弧尺寸要注直径。标注直径尺寸时，在直径数字前面加注直径符号"ϕ"。各种直径的标注形式如图1-11所示。

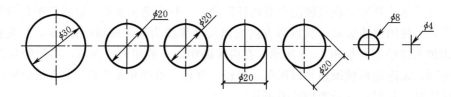

图1-11　直径的尺寸标注

注意：圆的中心线不能作为尺寸线用。

（2）半径尺寸。标注半圆和小于半圆的圆弧尺寸要注半径。标注半径尺寸时，在半径数字前面加注半径符号"R"。半径尺寸线一端位于圆心处，另一端画成箭头，指至圆弧。各种半径的标注形式如图1-12所示。

3. 球的尺寸标注

球的半径或直径的标注需在R或ϕ前加注S，如SR、$S\phi$。

4. 角度的尺寸标注

角度的尺寸线是以角的顶点为圆心的圆弧线，起止符号用箭头，角度数字一律水平书写，如图1-13所示。

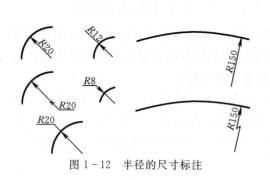

图1-12　半径的尺寸标注

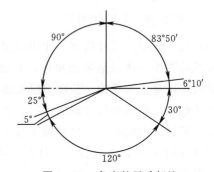

图1-13　角度的尺寸标注

1.2 常用绘图工具和仪器

在手工绘图情况下，为了保证绘图质量，提高绘图速度，必须了解绘图工具和仪器的特点，掌握其使用方法。

1.2.1 图板、丁字尺和三角板

1. 图板

图板用作画图的垫板，要求表面平坦光洁，又因为它的左边用作导边，所以必须平直，见图1-14。

2. 丁字尺

丁字尺由尺头和尺身两部分构成，尺头与尺身互相垂直，尺身带有刻度，见图1-15。

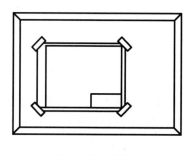

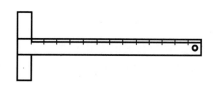

图1-14 图板   图1-15 丁字尺

丁字尺用于画水平线，使用时尺头始终紧靠图板左侧的导边，画水平线必须自左向右画，如图1-16所示。

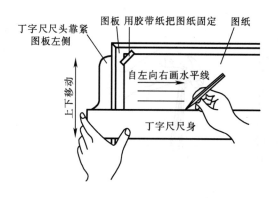

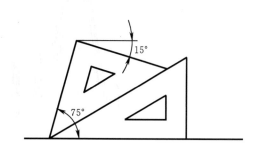

图1-16 丁字尺的使用   图1-17 15°和75°倾斜线画法

3. 三角板

一副三角板由45°和30°—60°各一块组成。三角板除直接用来画直线外，可以与丁字尺配合画铅垂线和与水平线成30°、45°、60°的倾斜线，还可以用两块三角板与丁字尺配合画与水平线成15°、75°的倾斜线，如图1-17所示。

9

1.2.2 分规、圆规

1. 分规

分规是用来量取线段的长度和分割线段、圆弧的工具。为了度量准确，分规的针尖应平齐，如图 1-18（a）所示。其使用方法见图 1-18（b）和图 1-18（c）。

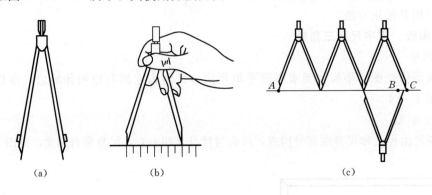

图 1-18 分规及使用方法

（a）分规；（b）量取线段；（c）等分线段

2. 圆规

圆规是画圆和圆弧的专用仪器。为了扩大其功能，圆规一般配有三种插腿，如图 1-19 所示。画铅笔图时用铅笔插腿，上墨时用直线笔插腿，代替分规使用时用钢针插腿。画大圆时可安上加长杆。使用圆规时要注意，圆规的两条腿应垂直纸面。

画铅笔圆和圆弧时，所用的铅芯号要比画同类直线的铅笔软一号，例如画直线时用 B 号铅笔，那么画圆时用 2B 号铅芯，以保证所画的直线和圆深浅一致。

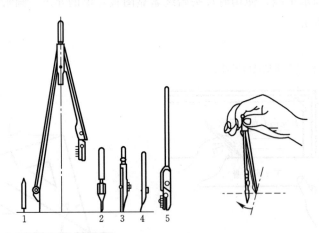

图 1-19 圆规及使用方法

1—钢针；2—铅笔插腿；3—直线笔插腿；4—钢针插腿；5—加长杆

1.2.3 绘图用笔

1. 铅笔

绘图所有铅笔以铅芯的软硬程度分类，"B"表示软，"H"表示硬。其前面的数字越大则表示铅笔的铅芯越软或越硬。"HB"铅笔表示软硬适中。一般画粗线常用 B 或者 2B

的铅笔，写字用 HB 的铅笔，画细线
用 H 或 2H 的铅笔。

画粗实线的铅笔芯宜磨成矩形，
宽度与线宽一致，其余可磨成锥形，
如图 1-20 所示。

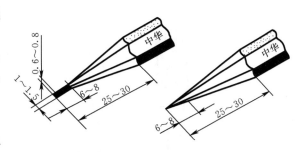

图 1-20 铅笔的削法

2. 直线笔

直线笔又称鸭嘴笔，是传统的上
墨、描图工具。使用时，用小钢笔蘸
墨水导入簧片之间，上墨高度以 4～
6mm 为宜。如果簧片外侧沾有墨水，必须及时用软布擦净，以免描线时沾污图纸。画线
时，直线笔应位于铅垂面内，将两簧片同时接触纸面，并使直线笔向前进方向稍微倾斜，
如图 1-21 所示。直线笔用后需及时擦干净，并放松调节螺母，以延长直线笔的使用
寿命。

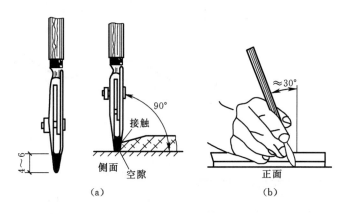

图 1-21 直线笔

（a）笔中加黑水；（b）画线

3. 针管笔

针管笔是上墨、描图所用的新型绘图笔。其头部装有带通针的不锈钢针管，针管的内
孔直径从 0.1～1.2mm，可按需要的线型宽度选用。使用时应注意针管笔的握笔方式与自
来水笔是不同的，针管笔画线时应垂直于纸面，如图 1-22 所示。

针管笔需使用碳素墨水，因针管易堵塞，用后要反复吸水将针管冲洗干净，以备
再用。

1.2.4 其他辅助工具

1. 曲线板

曲线板是画非圆曲线用的。在画图过程中，先确定曲线上的若干个点，然后徒手将各
点轻轻地连成曲线，再根据曲线的几段走势形状，选择曲线板上形状相同的轮廓线，分段
把曲线画出，如图 1-23（b）所示。图中（1）～（5）为画曲线的几个简要步骤。

使用曲线板时要注意，曲线应分段画出，每段至少有 3～4 个点与曲线板上所选择的
轮廓相吻合为了保证曲线的平整光滑每两段曲线应有一部分重合。

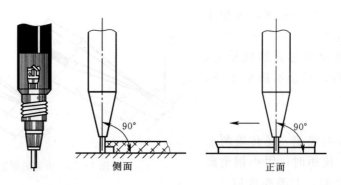

图 1-22　针管笔

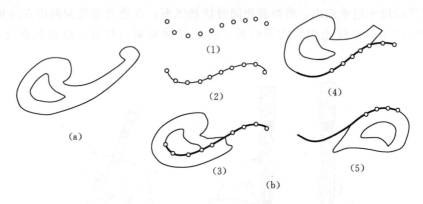

图 1-23　曲线板使用

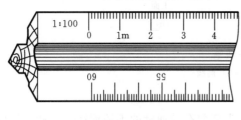

图 1-24　比例尺

2. 比例尺

比例尺是刻有不同比例的直尺，常见的形式如图 1-24 所示，也称为三棱尺。

常用的三棱尺上刻有六种不同的比例：1∶100、1∶200、1∶300、1∶400、1∶500、1∶600，均以米为单位。使用时，可以直接在图纸上量取物体的实际尺寸，如 1∶200，即尺上刻度 1m，表示实际尺寸为 1m。注意，比例尺只能用来量取尺寸，不能作为直尺用来画线。

1.3　几　何　作　图

要提高绘图速度，保证图面质量，除正确、熟练地运用绘图工具与仪器外，还必须掌握正确的作图方法。几何作图是绘制各种平面图形的基础，也是绘制工程图样的基础。

1.3.1　等分线段

如图 1-25 所示，将已知线段 AB 分成五等分。

过点 A 任意作一辅助直线 AC，从 A 点起在直线 AC 上截取五等分，得等分点 1、2、

3、4、5。连5B，并从各等分点1、2、3、4作直线5B的平行线，这些平行线与AB的交点Ⅰ、Ⅱ、Ⅲ、Ⅳ即为所求的等分点。

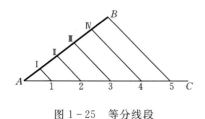

图1-25 等分线段

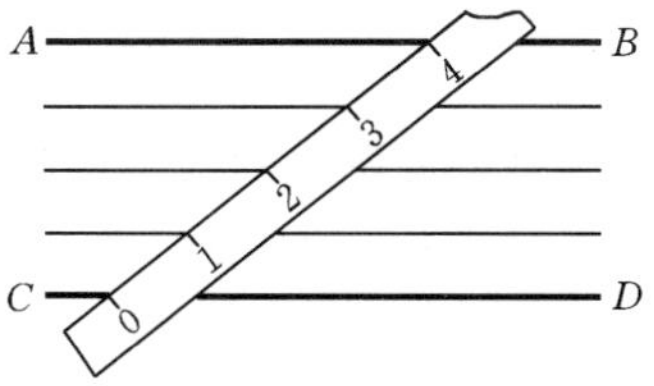

图1-26 等分平行线间距离

1.3.2 等分两平行线间的距离

如图1-26所示，将两平行线AB与CD之间的距离分成四等分。

将直尺放在直线AB与CD之间调整，使直尺的刻度0与4恰好位于直线AB与CD的位置上。过直线的刻度点1、2、3分别作AB（或CD）的平行线即可完成等分。

1.3.3 作正多边形

1. 正五边形

图1-27表示了正五边形的作法。作水平半径OG的中点H，以H为中心、HA为半径作弧、交水平中心线于I，以AI为边长即可作出圆内接正五边形。

2. 正六边形

图1-28表示了正六边形的作法。分别以OA（OD）为半径作圆弧交圆周于B、F、C、E各等分点，六边形ABCDEF即为所求。

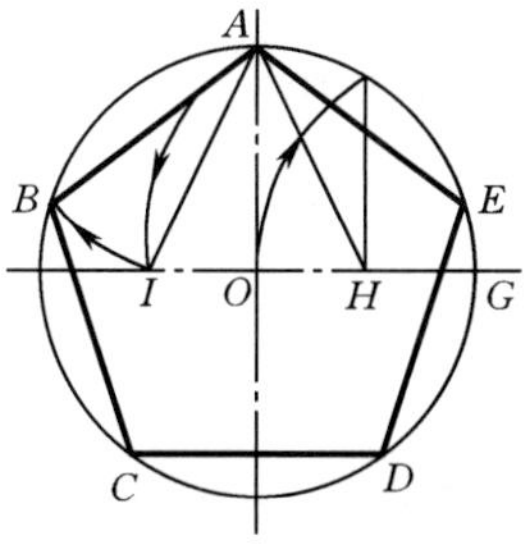

图1-27 作圆内接正五边形

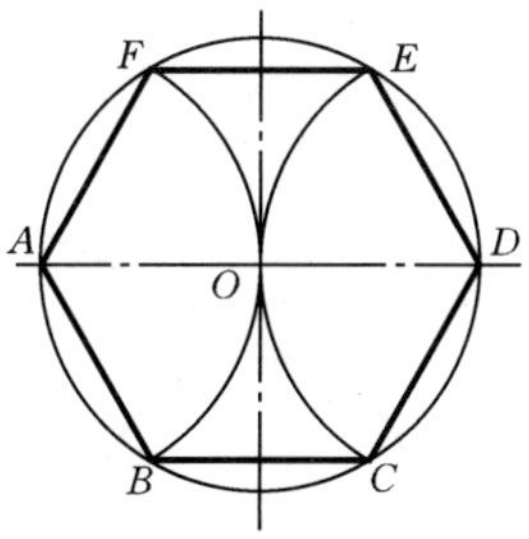

图1-28 作圆内接正六边形

3. 任意正多边形近似作法

图1-29表示了正七边形的近似作法。将铅垂直径AN七等分。以A为圆心、AN为半径作弧，交中心线于点M。延长连线M2、M4、M6与圆周相交得点B、C、D。作出B、C、D的对称点G、F、E，七边形ABC-DEFG即为所求。

1.3.4 斜度和锥度

1. 斜度

斜度是指一直线对另一直线或一平面对另一平面的

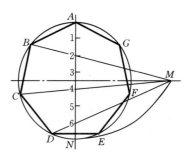

图1-29 作任意正多边形

倾斜程度，在图中常以 $1:n$ 的形式标注。

图 1-30 为斜度 $1:5$ 的作法。作一水平线 AB，由 A 在 AB 上取五个单位长度得 D，作 ED 垂直 AB，且 DE 等于一个单位长度，连 AE 即得斜度为 $1:5$ 的直线。

2. 锥度

锥度是指正圆锥的底圆直径与圆锥高度之比，在图中常以 $1:n$ 的形式标注。

图 1-31 为锥度 $1:5$ 的作法：作一水平线 SC，由 S 在 SC 上取五个单位长度得 O，过 O 点作 AB 垂直 SC，且 $AO=BO=$ 半个单位长度，连 SA、SB 即得锥度为 $1:5$ 的正圆锥。

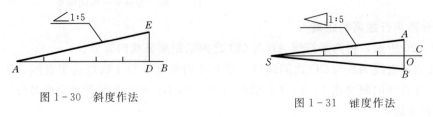

图 1-30　斜度作法　　　　　　　　　图 1-31　锥度作法

1.3.5　圆弧连接

用已知半径的圆弧连接两直线、或一直线一圆弧、或两圆弧，称为圆弧连接。作图时，必须准确地求出连接圆弧的圆心和连接点（切点）。

1. 连接两直线

图 1-32（a）所示为任意两直线 L_1、L_2 的圆弧连接。分别作 L_1、L_2 平行直线，使之距离为 R，两平行直线的交点即是连接圆弧圆心 O，过 O 作 L_1、L_2 的垂线，得切点 A、B，然后画出连接圆弧 $\overset{\frown}{AB}$。

若已知两直线互相垂直，其连接圆弧可按图 1-32（b）的方法画出。

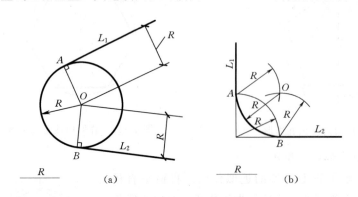

（a）　　　　　　　　　　（b）

图 1-32　圆弧连接两直线

2. 连接直线和圆弧

图 1-33 所示为已知直线 L 与已知圆 O_1 的外切连接方法。R 为连接圆弧的半径，以 O_1 为圆心，以 $(R+R_1)$ 为半径画弧，与相距 $L=R$ 的平行直线相交，得连接圆弧的圆心 O，由 O 作 L 的垂线得切点 B。注意连接点 A 在 OO_1 的连线上。再以 O 为圆心、R 为半径画出连接圆弧 $\overset{\frown}{AB}$。

3. 连接两圆弧

图 1-34 所示为连接圆弧 AB 与圆 O_1 外切，与圆 O_2 内切的作图方法。以 O_1 为圆心、以 (R_1+R) 为半径画弧，以 O_2 为圆心、再以 (R_2-R) 为半径圆弧，两弧相交得连接圆弧的圆心 O。注意连接点 A、B 分别在 O_1O、O_2O 的连线上。

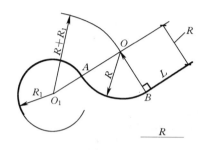

图 1-33　圆弧连接直线与圆弧

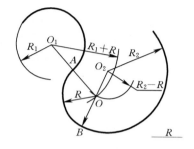

图 1-34　圆弧连接两圆弧

1.3.6　作非圆曲线

1. 椭圆

(1) 同心圆法作椭圆。已知椭圆长轴 AB、短轴 CD 及中心 O，图 1-35 (a) 表示了用同心圆法作椭圆的过程。以 O 为圆心，分别以 AB、CD 为直径作大、小两辅助圆，过 O 点作若干条直径（图中为六条），过与大圆的交点作直线平行于短轴，过与小圆的交点作直线平行于长轴，两直线的交点即为椭圆上的点，用曲线板光滑连接各点即为所求作的椭圆。

(2) 四心圆法近似作椭圆。已知椭圆长轴 AB、短轴 CD 及中心 O，图 1-35 (b) 表示了用四心圆法近似作椭圆的过程。在短轴的延长线上量得 $OE=OA$，并在 AC 上量得 $CF=CE$，作 AF 的中垂线交长、短轴于 O_1、O_2，求出其对称点 O_3、O_4，分别以 O_1、O_2 为圆心，以 O_1A、O_2C 为半径作圆弧；同理，再以 O_3、O_4 为圆心，以 O_3B、O_4D 为半径作圆弧，即得所求作的椭圆。注意连接点 1、2、3、4 在相应的圆心连线上。

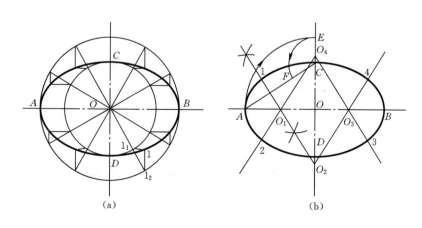

(a)　　　　　　　　　(b)

图 1-35　椭圆作法

(a) 同心圆法；(b) 四心圆法

2. 抛物线

图 1-36（a）所示，已知抛物线上两点 A、B 和在两点处与抛物线相切的直线 AO、BO，求作抛物线。将 AO 和 BO 作相同的等分数（图中为八等分），并作出编号，连接各对应点，作直线族的包络线，即得抛物线。

图 1-36（b）所示，已知抛物线的轴 AO，顶点 A 和抛物线上一点 C，求作抛物线。先作矩形 $ABCD$，将 AB 和 BC 作相同的等分数（图中为七等分），并作出编号，将 BC 上各点与 A 相连，过 AB 上各点作 AO 平行线，与相应连线分别相交，各连线对应的交点为抛物线上的点，用曲线板光滑连接即得所求抛物线的一半。

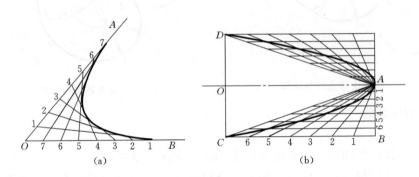

图 1-36　抛物线作法

(a) 画法一；(b) 画法二

1.4　平 面 图 形 的 分 析

为了掌握平面图形的正确作图方法和步骤，先要对平面图形进行分析。

1.4.1　平面图形的尺寸分析

平面图形的尺寸按其作用分为定形尺寸和定位尺寸。

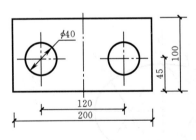

图 1-37　平面图形尺寸分析

1. 定形尺寸

确定平面图形上各线段形状和大小的尺寸称为定形尺寸。如直线的长度，圆和圆弧的直径或半径，以及角度的大小等。如图 1-37 中的 200、100、$\phi40$ 等尺寸。

2. 定位尺寸

确定平面图形上的线段或线框间相对位置的尺寸称为定位尺寸，如图 1-37 中的 120、45 等尺寸。

定位需要基准，即尺寸标注的起点。一般平面图形的对称线、较大圆的中心线或较长的直线宜作为尺寸基准。平面图形一般需要两个方向的基准，即图形的左右基准和上下基准。图 1-37 中，矩形对称线是左右基准，下边线是上下基准。

有时同一尺寸可具有两种功能，即既是定形尺寸，又是定位尺寸，如图 1-37 中，尺寸 100 是竖直线段的定形尺寸，又是最上直线段的定位尺寸。

1.4.2　平面图形的线段分析

线段（直线段或圆弧）按所注尺寸和线段间的连接关系可以分为三类：已知线段、中间线段和连接线段。

图 1-38 所示平面图形（手柄）中，对称线是上下尺寸基准，左边线是左右尺寸基准。定形、定位尺寸都标出的各直线段均为已知线段，$\phi 5$ 及圆及 $R15$、$R10$ 的两个圆弧其半径和圆心和两个方向定位尺寸均已知，所以也是已知线段。对于圆弧 $R50$，只知道圆心的一个方向的定位尺寸，即 $R50$ 的圆弧必须与 $\phi 32$ 的边线相切，另一个方向定位需要与 $R10$ 的连接条件来确定，这种缺少一个方向定位

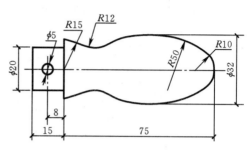

图 1-38　平面图形线段分析

尺寸的线段称为中间线段（也称中间弧）。圆弧 $R12$ 的圆心，其两个方向定位尺寸均未给出，而需要用与两侧相邻线段的连接条件来确定其位置，这种只有定形尺寸而没有定位尺寸的线段称为连接线段（也称连接弧）。中间弧和连接弧的作图不仅应该找出其圆心，还要准确地找出其连接点（切点）。

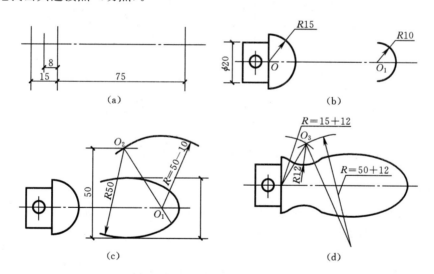

图 1-39　手柄的作图步骤

(a) 定图形基准线；(b) 画已知线段；(c) 画中间线段；(d) 画连接线段，完成全图

1.4.3　平面图形的画图步骤

通过平面图形的线段分析，显然可以得出如下结论：绘制平面图形时，必须先画出各已知线段（弧），再依次画出各中间线段（弧），最后画出各连接线段（弧）。图 1-39 即表示图 1-38 手柄的作图步骤。

1.4.4　平面图形尺寸标注示例

标注平面图形的尺寸，要求正确、完整、清晰。正确是指平面图形的尺寸标注符合国标规定，所注写的尺寸数值不出现错误。完整是指平面图形的尺寸标注要齐全，各部分的

定形定位尺寸没有遗漏，一般也不出现重复标注的现象。清晰是指尺寸标注的位置得当、布局整齐。

图1-40是几种平面图形的尺寸标注示例，其中图1-40（c）是土建工程中遇到的图形，其余的都是机械工程中遇到的图形。

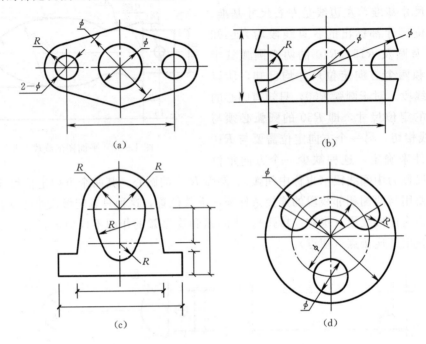

图1-40 平面图形尺寸标注示例

1.5 绘图的步骤和方法

1.5.1 绘图步骤

为了提高图样质量和绘图速度，保持图面整齐清晰，除了正确使用绘图工具和仪器外，还应该掌握正确的绘图步骤和方法。

1. 绘图前的准备工作

（1）阅读有关文件、资料，对所绘图形的内容与要求进行了解。

（2）准备好绘图工具和仪器，将铅笔与圆规的笔芯削好，将图板、丁字尺、三角板用清洁软布擦干净。

（3）将图纸用透明胶带固定在图板上，固定图纸时，应使图纸的上下边与丁字尺的尺身大致平行。当图纸较小时，应将图纸布置在图板的左下方，但图纸的下边缘至少留有一个尺身的宽度，以保证画下边的图线时，丁字尺不会晃动。如图1-41所示。

2. 画底稿

各种正式图都要先作底稿。画底稿要用较硬的铅笔（2H或3H），图线应轻而细，各种线型应能区分出来，但粗细线不必区分。作图线应画得更轻，只要能看清就行，具体步骤：

（1）画图框和标题栏。

（2）确定比例，布置图形。布置要合理，每一图形周围要留有适当的空余标注尺寸，各图形间要布置得均匀整齐，图面显示得平衡。

（3）先画图形的对称线、中心线，再画主要轮廓线，然后由大到小、由整体到局部，画出其他所有图线。

（4）认真仔细检查，改正错误。

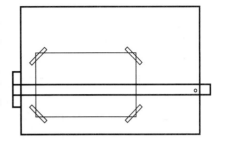

图 1-41 图纸固定的位置

3. 铅笔加深底稿或墨线描图

要按规定线型加深底稿或上墨描图，同一类型线，加深后的粗细要一致。因此，最好按线宽分批加粗，即同一方向和同一宽度的线要一次画完。其顺序一般是先曲线后直线，先实线后虚线，先粗线后细线，对于同心圆宜先画小圆后画大圆。图形加深完毕后，再注写尺寸数字，画箭头和书写文字说明，最后再全图检查一次，改正错误并清理图面。

为了便于保持图面的清洁，也可以先加深全部细线，再加深粗线。描图时，因细线易干，为了提高速度，往往是先细后粗。

1.5.2 画徒手草图

徒手草图是一种不用绘图仪器和工具而按目测比例和徒手画出的图样。在设计时，工

图 1-42 画水平线

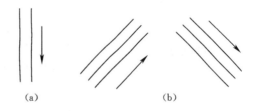

（a）　　　　　　　　　（b）

图 1-43 画铅垂线、斜线

（a）垂线；（b）斜线

程技术人员常先绘制草图，进行构思和表达设计思想，在参观和技术交流时，也常用草图进行记录和交流，因此画徒手草图是制图工作的一部分，是工程技术人员必须学习和掌握的基本技能。

草图虽然是目测比例，徒手绘制，但决非潦草之图。草图也应按照投影关系和比例关系进行绘制，并遵守制图标准。

画徒手草图一般选用 HB 或 B 的铅笔，也常在方格纸上画图。

画直线时，铅笔要握得轻松自然，眼睛看着图线的终点。由左向右画水平线，如图 1-42 所示。由上而下画铅垂线，如图 1-43（a）所示。由左向右画斜线，如图 1-43（b）所示。当直线较长时，可以分段画。画短线时常用手腕运笔，画长线时则以手臂动。

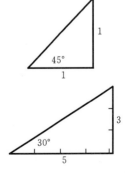

图 1-44 30°、45°、60° 斜线的画法

画 30°、45°、60°的斜线，如图 1-44 所示，可按直角边的近似比例定出端点后，连成直线。

画圆和椭圆的方法，如图 1-45 和图 1-46 所示。

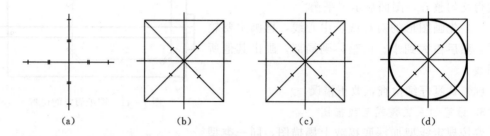

图 1-45 圆的画法

（a）过圆心作垂直等分的二直径；（b）作外切正方形及对角线；（c）大约等分对角线的每一侧为三等分；（d）以圆弧连接对角线上外侧等分线（稍外一点）和两直线端点

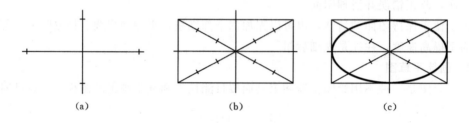

图 1-46 椭圆的画法

（a）作椭圆长短轴；（b）作外切矩形及对角线，等分对角线每一侧为三等分；（c）以曲线连对角线上外侧等分点（稍偏外一点）和长短轴端点

第2章　投影的基本知识

工程建筑物及机器都是根据图样施工、制造的，所以图样必须确切地表示出它们的形状，大小、材料及技术要求等。

绘制工程图样所依据的是投影原理，投影原理和投影方法是绘制和阅读工程图的基础。

2.1　投影法概述

2.1.1　投影的形成和分类

物体被灯光或日光照射，在地面或墙面上会产生影子，这就是投影现象。人们在长期生活和生产实践中，找出了影子和物体之间的几何关系，经过科学的抽象，逐步形成了投影方法。

如图 2-1 所示，设空间有一定点 S 及定平面 P，另有一三角板 ABC，连接 SA、SB、SC 并延长使之与平面 P 交于点 a、b、c。△abc 就是△ABC 在平面 P 上的投影。平面 P 称为投影面，点 S 称为投射中心，直线 SA、SB、SC 称为投射线。这种把空间几何要素投射到投影面上的方法叫做投影法。实际作物体的投影时，投射线和投影面都是假想的。

投影法分为平行投影法和中心投影法两类。

1. 中心投影法

所有投射线都通过投射中心，如图 2-1 所示。放电影及人眼看东西都属于中心投影法。

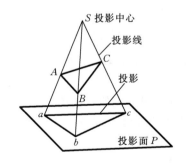

图 2-1　中心投影法

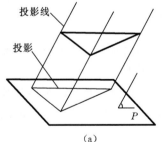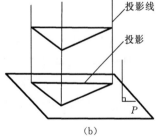

图 2-2　平行投影法
（a）斜投影；（b）正投影

2. 平行投影法

投射中心移至无穷远，投射线皆互相平行，如图 2-2 所示。

由于投射线与投影面的倾角不同，平行投影又分为两种：

（1）投射线倾斜于投影面，称斜投影，如图 2-2（a）所示。

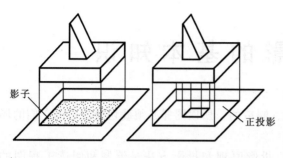

图 2-3　投影和影子的区别

（2）投射线垂直于投影面，称正投影，如图 2-2（b）所示。

工程图一般都采用多（投影）面的正投影法。如无特别说明，以后所有投影都指正投影。由图 2-2 可知，要产生投影，必须具备三个要素，即投射线、投影面及物体。

空间点通常用大写字母如 A、B、C 等标记，其投影用相应的小写字母 a、b、c 等标记。

应该指出：投影和影子是有区别的。投影不同于一般的影子，影子是一片漆黑，只反映物体的外轮廓；而物体的投影是将围成这个物体的各个面、每根棱线进行投影。如图2-3所示。

2.1.2　直线和平面的正投影性质

上面说过，画物体的投影时，要把物体上每条线、每个面都画出来，所以在学习画物体的投影之前，先讨论直线和平面的投影性质。

（1）当直线或平面平行于投影面时，直线的投影反映实长、平面的投影反映实形，见图 2-4。这种性质称为实形性。

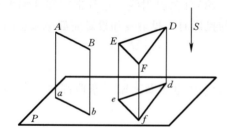

图 2-4　直线与平面的实形性

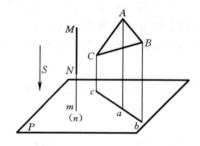

图 2-5　直线与平面的积聚性

（2）当直线或平面垂直于投影面时，直线的投影积聚成一点、平面的投影积聚成一直线，见图 2-5。这种性质称为积聚性。

（3）当直线或平面倾斜于投影面时，直线或平面的投影与原图形类似，如图 2-6 所示。直线的投影为长度缩短的直线，多边形的投影为边数相同的形状类似的多边形，圆的

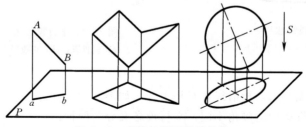

图 2-6　直线与平面的类似性

投影为与它类似的图形—椭圆。这种性质称为类似性。

2.2 三视图的形成及投影规律

当投射方向及投影面确定以后，空间点或物体有惟一确定的投影。但是，仅有点的一个投影不能确定点的空间位置，仅有物体的一个投影也不能确定其空间形状及大小。图 2-7 中，点 A_1 的投影为 a，长方体的投影为矩形；但是 a 点却可以是 A_1a 线上其他点（如 A_2）的投影；矩形也可以是几种不同形状物体的投影。

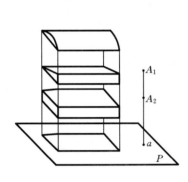

图 2-7 物体的一个投影

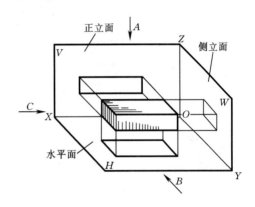

图 2-8 物体在三投影体系中的投影

2.2.1 三投影面的建立

工程上常采用物体在三个互相垂直的投影面上的投影来反映物体的形状和大小。这三个互相垂直的投影面为：水平面（H）、正立面（V）、侧立面（W），如图 2-8 所示。物体在这三个投影面上的投影分别称为水平投影、正面投影和侧面投影。投影面之间的交线称投影轴，H、V 面交线为 X 轴，H、W 面的交线为 Y 轴，W、V 面交线为 Z 轴。三轴交于一点 O，称原点。

2.2.2 三视图的形成

作物体的投影时，把物体放在三投影面之间，并使其表面尽量平行于投影面，其投影方向分别垂直于三个投影面，如图 2-8 所示。

作水平投影时，投射线垂直 H 面，投影方向为箭头 A 所示方向，由上向下作投影。

作正面投影时，投射线垂直 V 面，投影方向为箭头 B 所示方向，由前向后作投影。

作侧面投影时，投射线垂直 W 面，投影方向为箭头 C 所示方向，由左向右作投影。

物体的水平投影、正面投影和侧面投影，近似于人从物体的上方、前方和左侧观看物体的情形，因此制图中常称它们为俯视图、主视图和左视图。

图中长方体的三个投影都是长方形，它们分别反映了长方体上下面、前后面及左右面的实形。

画图时，要把三个投影面展开成一个平面，方法如图 2-9（a）所示：取走空间物体，将 H 面与 W 面沿 Y 轴分开，然后 H 面连同俯视图绕 X 轴向下旋转，W 面连同左视图绕 Z 绕向右旋转，直至与 V 面在同一平面上。这时 Y 轴分为两条，随 H 面旋转的一条

标以 Y_H，随 W 面旋转的一条标以 Y_w。

展开后的三视图如图 2-9（b）所示：左上方是主视图，俯视图在主视图下方，左视图在主视图右方。画物体的三视图时，一般不需要注出视图名称，也不画出投影面边框和投影轴，如图 2-10（b）所示；也可以画出投影轴，如图 2-11 所示。

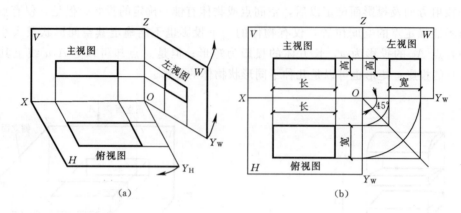

图 2-9 投影原理

(a) 三投影面的展开；(b) 展开后的三视图

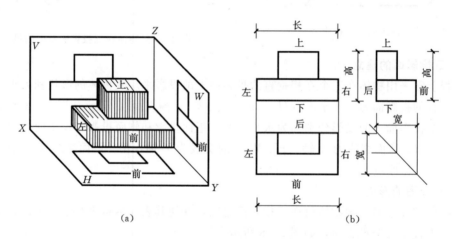

图 2-10 物体的投影

(a) 物体在三投影面中的位置；(b) 物体的三视图

2.2.3 三视图的投影规律

图 2-10 中，把 X、Y、Z 的轴向方位分别用左右、前后、上下表示；把 X、Y、Z 的轴向尺寸分别称为长度、宽度、高度，则：

主视图反映物体的左右、上下及长、高；

俯视图反映物体的左右、前后及长、宽；

左视图反映物体的上下、前后及高、宽。

因三个视图所表示的是方位不变的同一物体，故每两个视图间必存在着方位对应相同，度量对应相等的关系。由此可得出：

主视图与俯视图长度相等且左右对正；

主视图与左视图高度相等且上下平齐；

俯视图与左视图宽度相等且前后一致。

简称为"长对正、高平齐、宽相等"。物体及其每一部分的三视图均应符合这一规律。借助从 O 点引出的 45°线作出（45°线必须作得十分准确，否则会引起较大的作图误差），如图 2-11 所示。实际作图时并不画投影轴，这时俯视图与左视图宽度相等的关系可用尺子或分规直接量取，如图 2-12 所示。

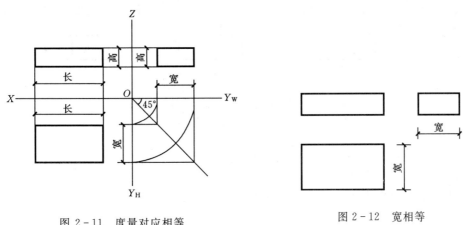

图 2-11　度量对应相等　　　　　　　　　图 2-12　宽相等

俯视图与左视图之间前后一致的关系，初学者常易搞错。图 2-13 所示为前上方有缺口的长方体，其俯视图与左视图中，缺口的投影不仅应该宽度相等，而且前后位置应该一致。缺口的侧面投影不可见，用虚线表示。而图 2-13（c）就是因前后不一致造成的错误结果。

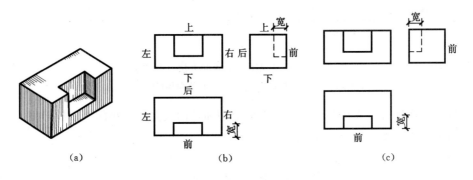

图 2-13　位置对应关系

（a）上前方有缺口的长方体；（b）缺口在长方体中的位置；（c）缺口在长方体中的位置错误

2.2.4　应用三视图投影规律画图和看图

制图中规定，用视图表达物体形状时，可见轮廓线画粗实线，不可见轮廓线画虚线。这样，根据三视图的投影规律及虚、实线的不同含义，可以从形状简单的物体开始，进行画图和看图。

1. 画图

画物体的三视图时，为了反映物体各主要面的实形，应使它们尽量平行于投影面。

画图时要注意分析物体上各个面与投影面的相对位置（平行，垂直或倾斜）以及它们的投影性质，所画三视图必须符合投影规律。

【例 2-1】 画出图 2-14（a）所示物体的三视图。

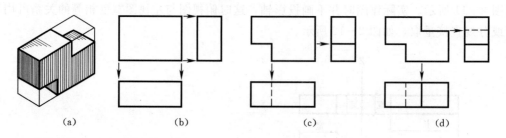

（a）　　　　　（b）　　　　　（c）　　　　　（d）

图 2-14 绘三视图的步骤和方法（切割法）

（a）已知物体；（b）画四棱柱；（c）切去左下角；（c）切去右上角

分析 此物体可看成是四棱柱切去两个角所得。

画图步骤见图 2-14（b）～图 2-14（d）。

【例 2-2】 画出图 2-15（a）所示物体的三视图。

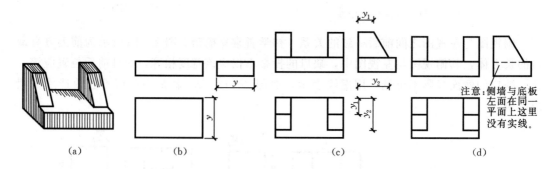

注意：侧墙与底板左面在同一平面上这里没有实线。

（a）　　　　　（b）　　　　　（c）　　　　　（d）

图 2-15 绘三视图的步骤和方法（叠加法）

（a）已知物体；（b）画底板；（c）先画左视图直角梯形柱；（d）加深图线

分析 此物体可看成在四棱柱底板上面分别加了两块同样大小的直角梯形柱。

画图步骤见图 2-15（b）～图 2-15（d）。

2. 看图

看图就是根据视图想出空间物体的形状。熟练阅读工程图样是工程技术人员必须具备的能力。这里先介绍一点看图的基本知识。

（1）看图时应记住俯视图是由上向下投影得出的，主视图及左视图分别是由前向后及由左向右投影得出的。

（2）要根据三视图的投影规律，几个视图配合起来看。如图 2-16（a）～图 2-16（c）三组视图的主视图都相同，配合俯视图就可以看出是三个不同的物体。

又如图 2-17（a）～图 2-17（c）三组视图的俯视图和左视图完全相同，因主视图

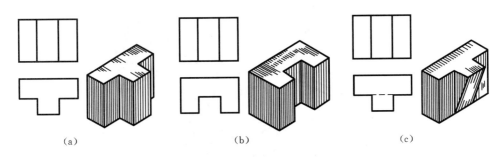

图 2-16 主视图相同，物体不同

形状及虚实线的不相同，所表示的三个物体也各不相同。

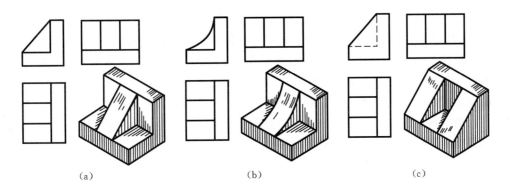

图 2-17 物体不同，俯左视图相同

所以，看图时必须根据各视图的投射方向，利用投影规律，将几个视图配合起来看，并注意虚、实线的变化。通过多看、多想，看图能力定能逐步提高。系统的看图方法将在以后进一步阐述。

2.3 基 本 体 的 投 影

水工建筑物的形状虽然是多种多样的，但总可以把它们分析成是由一些几何体组合而成的，如图 2-18 所表示的拱桥桥墩，就可以分析成由圆柱、六棱柱、圆锥台等几何体组成。这些最简单而且又有规则的几何体我们称之为基本形体。掌握了基本形体的投影特点，可以为画工程图和看工程图打下基础。

基本形体可分为平面体和曲面体两大类。

2.3.1 平面体

平面体的表面是由若干平面图形（多边形）围成的，各相邻表面之间的交线为棱线或底边，它们的交点称为顶点。画平面立体的投影，实际上就是画出平面立体上所有棱面和底面的投影。在画图前要分析各个棱面及底面对于投影面的位置及其投影性质。

棱柱和棱锥是最基本的平面立体。

1. 棱柱

棱柱的棱线互相平行，棱面都是四边形。

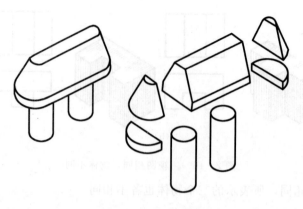

图 2-18 基本体

图 2-19 所示为一正六棱柱，为了利用正投影的实形性和积聚性，使其上下底平行 H 面，前后棱面平行 V 面，此时六个棱面均垂直于 H 面。这样，上下底的水平投影反映实形，而且，正侧面投影均为水平直线段；六个棱面的水平投影积聚成六边形的六条边，其中前后两个棱面的正面投影为长方形，反映该棱面的实形，其侧面投影分别积聚成两直线段；其他四个棱面的正面投影和侧面投影也为长方形，但它是棱面的类似图形（注意左视图上的宽度应和俯视图上的对应宽度相等）。

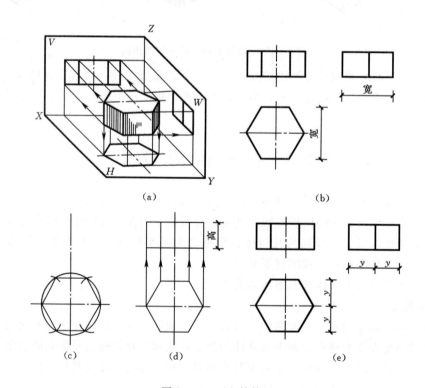

图 2-19 正六棱柱

（a）投影关系；（b）三视图；（c）画对称轴线，画俯视图—六边形；（d）根据"长对正"
和棱柱的高度画出主视图；（e）根据"高平齐"和"宽相等"画出左视图，最后加深

画棱柱的视图时，通常是先画反映棱柱底面实形的那个视图，再根据投影关系画其他视图。六棱图的作图步骤见图 2-19 (c) ～图 2-19 (e)。

2. 棱锥

棱锥的棱线交于一点（顶点），各棱面皆为三角形。

图 2-20 是棱锥和它的视图。其底是长方形，平行于水平面；左、右两棱面垂直正立面；前、后两棱面垂直侧立面。四个棱面都是等腰三角形。

底面的水平投影反映实形——长方形。棱线的水平投影为长方形的两条对角线。四个棱面都倾斜水平面，水平投影为其类似图形。

底面垂直正立面，正面投影积聚成一条水平直线段。左、右棱面也垂直正立面，正面投影积聚成两条斜线。前、后两棱面倾斜于正立面，正面投影成类似图形，且前、后棱面的正面投影重合。左视图可自行分析。画图时，一般先画底面的投影，再画棱线、棱面的投影。图 2-21 是四棱台的三视图。

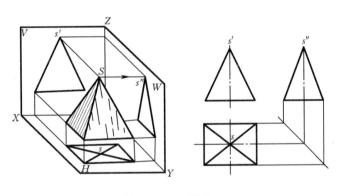

图 2-20 四棱锥

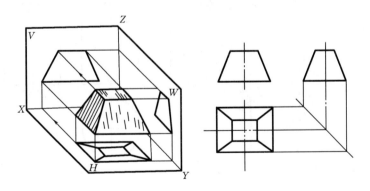

图 2-21 四棱台

2.3.2 曲面体

由曲面或曲面与平面围成的立体称曲面立体。最常见的曲面立体有圆柱、圆锥、球、环。

如图 2-22 所示，圆柱面是直线绕与它平行的轴线旋转而成；圆锥面是直线绕与之相交的轴线旋转而成；圆球面是圆周绕其直径旋转而成；圆环面是圆周绕其同一平面上不通过圆心的轴线旋转而成。这种由一条动线（直线或曲线）绕某一固定轴线旋转而成的曲面统称为回转面。形成曲面的动线称为母线。母线在曲面上的任一位置时称之为素线，所以曲面是素线的集合。

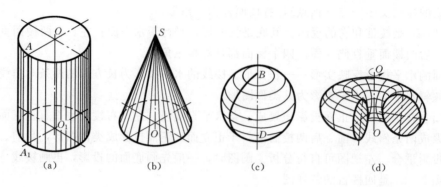

图 2-22　曲面体

(a) 圆柱；(b) 圆锥；(c) 圆球；(d) 圆环

由于母线上各点与轴线的距离在旋转时保持不变，所以母线上任一点的旋转轨迹为与轴线垂直的圆，这是回转面的一大特点。

1. 正圆柱

正圆柱的表面包括圆柱面和上、下两个底圆。

图 2-23 是直立正圆柱在三投影面体系中的投影和它的三视图。

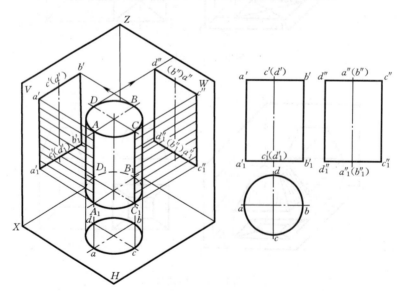

图 2-23　圆柱

因上、下底圆平行水平面，它们的水平投影反映实形——圆，而且上、下底的投影重合。因轴线垂直水平面，圆柱面的水平投影积聚成一个圆周。

上、下底圆的正面投影是两条水平直线。因圆柱面是光滑的，没有棱线，所以只画出它的投影范围。作正面投影时，圆柱上最左、最右两条素线 AA_1、BB_1 是投影线平面与圆柱面的切线，称之为圆柱的正视外形轮廓素线。它们的正面投影是两条直线，和上、下底圆的投影组成一个矩形，这就是圆柱的正面投影。

圆柱的侧面投影也是矩形。但矩形两边的铅直线是圆柱面侧视外形轮廓素线 CC_1 和 DD_1 的投影，CC_1 和 DD_1 分别是圆柱面上最前、最后两条素线。

正视外形轮廓素线的侧面投影及侧视外形轮廓素线的正面投影皆与轴线的相应投影重合。不用画出。

在主视图上前半圆柱面是可见的，后半圆柱面是不可见的，它们的分界线是圆柱面的正视外形轮廓素线。同样，圆柱面的侧视外形轮廓素线是圆柱面侧面投影可见与不可见的分界线。

画圆柱视图的步骤是：

（1）画中心线、轴线。

（2）画投影为圆的视图。

（3）根据投影关系画其他二视图。

2. 正圆锥

正圆锥的表面包括圆锥面和底圆。图 2-24 中圆锥面的轴线垂直水平面，底圆平行水平面。

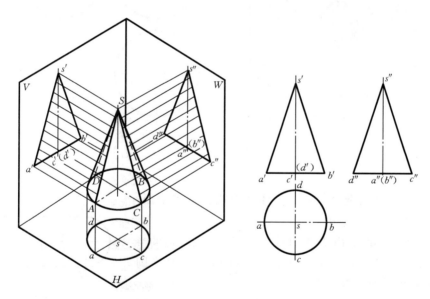

图 2-24 正圆锥

圆锥的水平投影是圆，它反映底圆的实形，同时又是圆锥面的投影。锥顶 S 的投影就是该圆的圆心。

圆锥的正面投影和侧面投影是两个相等的等腰三角形。三角形的底是底圆的投影，三角形的两个腰是圆锥外形轮廓素线的投影。正视外形轮廓线是锥面上最左、最右两条素线 SA、SB；侧视外形轮廓线是锥面上最前、最后两条素线 SC、SD。$s''a''$、$s''b''$ 和轴线的侧面投影重合，$s'c'$、$s'd'$ 和轴线的正面投影重合，都不用画出。

和圆柱一样，SA、SB 是圆锥正面投影可见与不可见部分的分界线，SC、SD 是侧面投影可见部分与不可见部分的分界线。

　　画图步骤与画正圆柱的步骤相同。在画投影为等腰三角形的视图时，先画出底圆的投影，再根据圆锥的高定出 S 的投影，最后画腰。

　　3. 球

　　球的三个投影都是圆，它们的直径都等于球的直径见图 2-25。球的正视外形轮廓素线为球面上平行于 V 面的最大圆 ABCD，俯视外形轮廓素线为球面上平行于 H 面的最大圆 AECF，侧视外轮廓素线为球面上平行于 W 面的最大圆 BEDF。它们在所平行的投影面上反映相应最大圆的实形，其他二投影与圆的中心线重合。平行于 V 面的圆 ABCD 将球面分为前、后两半，前一半的正面投影可见，后一半正面投影不可见，故它是球面正面投影可见与不可见部分的分界线。同理，圆 AECF 和圆 BEDF 分别是球面水平投影和侧面投影可见与不可见的分界线。

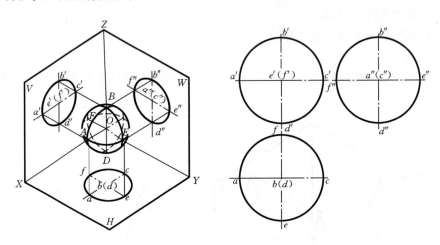

图 2-25　圆球

　　4. 环

　　图 2-26 是环的两个投影，该环的轴线垂直水平面。其空间情况见图 2-22（d）。

　　图 2-26 中小圆 ABCD 为母线圆。离 OO 轴较远的半圆 BAD 旋转一周，形成外环面；离 OO 轴较近的半圆 BCD 旋转一周，形成内环面。

　　水平投影中，大、小两个圆分别是环面上最大水平圆及最小水平圆的投影，也是环面上对 H 面的外形轮廓线的投影。点画线圆表示母线圆圆心轨迹的投影。

　　正面投影中左右两个小圆反映母线圆的实形，它们也是内外环面对 V 面的外形轮廓线的投影。正面投影中的上下两条水平线段分别是环面上最高水平圆和最低水平圆的投影，即内、外环面分界处轨迹圆的投影。

　　环面上半部的水平投影可见，下半部水平投影不可

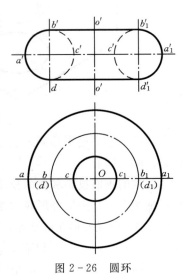

图 2-26　圆环

见。正面投影中则只有前半外环面可见，内环面及后半外环面均不可见。

2.4 简单体三视图的画法与读图

由较少的基本体进行简单的叠加或切割而形成的立体称简单体。如图 2-27 所示形体是由两个半圆柱和一个四棱柱叠加而成，它也具有两个全等且平行的底面，这种简单体称为组合柱。

组合柱有与柱体类同的图形特征：两个视图为矩形线框，一个视图为组合线框。

组合柱三视图的画法思路与圆柱相同。

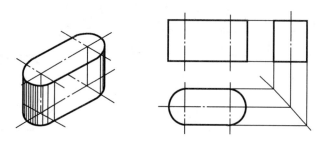

图 2-27 组合柱的三视图

2.4.1 简单体三视图的画法

由于简单体是由较少的基本体组合而成，因此，在画图前应先分析该体是由哪些基本体组合的，然后逐个画出各基本体的视图，经检查无误后再将结果加深。

【例 2-3】 画出图 2-28（a）所示物体的三视图。

分析 该物体由上、下两部分组成，上部是圆锥台，下部是圆柱。

作图步骤见图 2-28（b）～图 2-28（d）。

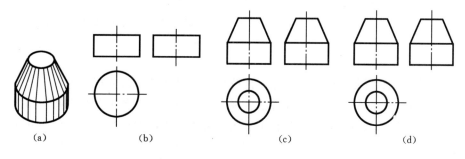

(a)　　　　　(b)　　　　　(c)　　　　　(d)

图 2-28 画简单体的三视图
(a) 物体；(b) 画中心线、轴线，画圆柱；(c) 画圆锥台；(d) 加深

【例 2-4】 看懂图 2-29（a）所示柱基的空间形状。

分析 从主视图和左视图可以看出这个柱基分为上、下两部分。下部的三个投影都是长方形，见图 2-29（b），可知是个长方体。上部从整体分析可知是个四棱台，再分析主视图上的虚线框，对应的水平投影也是矩形线框，可知上部是在四棱台上挖了一个矩形孔。整个柱基的形状如图 2-29（e）所示。

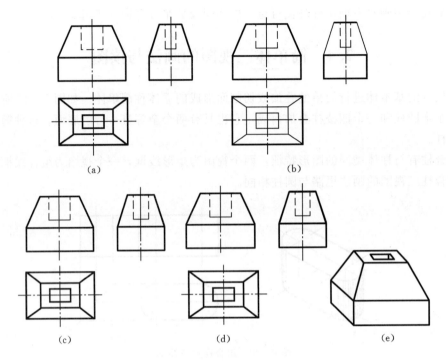

图 2 - 29　柱基的看图与画图

2.4.2　简单体三视图的读图

读图是根据物体的视图想象物体空间形状的思维过程。要学会读图就应熟悉读图依据，掌握读图方法，反复实践。

1. 读图的基本依据

（1）三视图的投影规律及三视图与空间物体的对应关系。画图时每一个部分都要符合投影规律，读图时也必须利用规律找出物体上每一部分的三个投影。

（2）基本体三视图的图形特征。熟记基本体三视图的图形特征就能迅速看懂每一部分的形状。

2. 形体分析读图法

形体分析法读图的要点就是一部分一部分地看，具体读图步骤可分为：

（1）识视图、分部分。识视图即弄清各视图的投射方向，各视图与空间物体之间的方位关系，从而建立起图物关系，这是整个看图过程中所不能忽视的问题；分部分就是从一个投影重叠较少，结构关系明显的视图入手，结合其他视图，按线框把视图分解为若干部分。

（2）逐部分对投影、想形状。根据投影规律，逐一找出每个线框在其他视图中的对应投影，然后根据基本体三视图的图形特征，逐一想象出空间形体。

（3）综合起来想整体。判断出各部分的形状之后，再对照视图，按它们的相互位置合并起来，综合想象出整体形状。

3. 练习读图的方法

（1）刻模型。刻模型的方法适用于初学者，其要点是：利用已知视图的外轮廓先想出

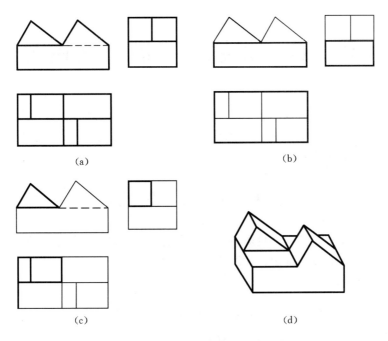

图 2-30　物体的看图与画图

大致表示一个什么基本形体，而后利用每个视图的投射方向，边看图边刻模型，直至模型与视图完全对应为止。

（2）根据两面视图补画第三视图。该练习简称"补视图"或"二补三"，这是一种最常用的练习读图的方法，它不仅练习读图，同时也练习画图。

【例 2-5】　看懂图 2-30（a）所示物体的空间形状。

分析　从正、左视图可知该物体可分为上、下两部分。下部的三个投影都是长方形，如图 2-30（b）所示，可知下部是个矩形板。

上部的正面投影有两个三角形，先找出左边三角形所对应的水平投影和侧面投影，如图 2-30（c）所示。可知在矩形板的左后方，有一横放的三棱柱。同样可分析出在矩形板的右前方亦有一横放的三棱柱。从俯、左视图上可以看出，该三棱柱的前表面与矩形板的前表面在同一个平面内，所以主视图上右侧三角形与矩形的交界处没有实线。整个物体的形状如图 2-30（d）所示。

第 3 章　点、直线、平面及其相对位置

通过第 2 章的学习，对视图和空间物体的关系有了一些感性认识，为了提高投影分析能力及空间想象能力，还必须使认识深化，进一步掌握组成物体的几何元素——点、直线、平面的三面投影规律和特点。

3.1　点　的　投　影

前面已说明，仅有点的一个投影不能确定点的空间位置，点的空间位置可用点在两个互相垂直的投影面上的投影确定，如图 3-1（a）所示。

3.1.1　点的两面投影

图 3-1 表示出点 A 在 $\dfrac{V}{H}$ 两投影面体系中的投影。因为：

$$Aa \perp H \text{ 面}, Aa' \perp V \text{ 面}$$

故 $Aaa_\mathrm{x}a' \perp H$ 面，又 $\perp V$ 面。由于三个平面互相垂直，它们的三条交线也互相垂直，即 $a'a_\mathrm{x} \perp OX$，$aa_\mathrm{x} \perp OX$，投影面展开后，即得 $a'a \perp OX$。

又因 $Aaa_\mathrm{x}a'$ 是一个矩形，故

$$aa_\mathrm{x} = Aa' = \text{空间点 } A \text{ 至 } V \text{ 面的距离}$$
$$a'a_\mathrm{x} = Aa = \text{空间点 } A \text{ 至 } H \text{ 面的距离}$$

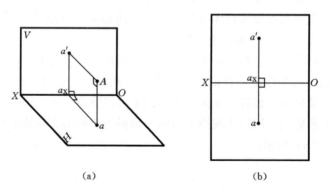

（a）　　　　　　　　　　　　（b）

图 3-1　点在 $\dfrac{V}{H}$ 中的投影

图 3-2 表示出点 A 在 $\dfrac{V}{W}$ 两面体系中的投影同理可得出：

$$a'a'' \perp OZ$$
$$a'a_\mathrm{z} = Aa'' = \text{空间点 } A \text{ 至 } W \text{ 面的距离}$$
$$a''a_\mathrm{z} = Aa' = \text{空间点 } A \text{ 至 } V \text{ 面的距离}$$

由此得出点的两面投影规律：

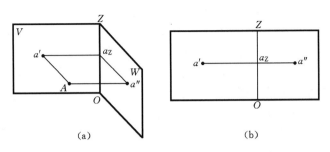

图 3-2 点在 $\dfrac{V}{W}$ 中的投影

（1）点的两个投影的连线必垂直于相应的投影轴。

（2）点的投影到投影轴的距离，等于空间点到另一投影面的距离。

【例 3-1】 已知空间点 A 离 H 面 15mm，离 V 面 10mm，如图 3-3（a）所示，求作其两面投影图。

分析 根据点的投影规律，作图步骤为在 OX 轴上定 a_X，过 a_X 作直线垂直于 OX，如图 3-3（b）所示，然后在所作垂直线上，自 a_X 向上量 $a_X a' = 15mm$，得 a'；向下量 $a_X a = 10mm$ 得 a，即为所求，如图 3-3（c）所示。

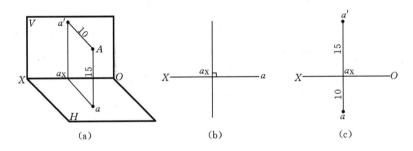

图 3-3 点的两面投影

3.1.2 点的三面投影

图 3-4 表示了点在三投影面体系中的投影。根据点的两面投影规律，可以得出点的三面投影规律：

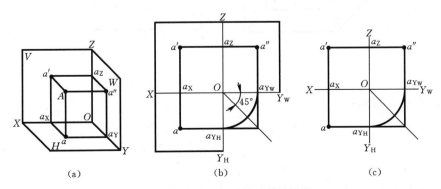

图 3-4 点在三投影体系中的投影

（1）$a'a \perp OX$；$a'a'' \perp OZ$；$aa_{Y_H} \perp OY_H$，$a''a_{Y_W} \perp OY_W$，$Oa_{Y_H} = Oa_{Y_W}$。

（2）$a'a_X = a''a_{Y_W} = Aa =$ 空间点 A 至 H 面的距离；$aa_X = a''a_Z = Aa' =$ 空间点 A 至 V 面的距离；$a'a_Z = aa_{Y_H} = Aa'' =$ 空间点 A 至 W 面的距离。

【例 3－2】　如图 3－5（a）所示，已知点 A 的两个投影 a'、a''，求 a。

分析　根据点的三面投影规律，可知 $aa' \perp OX$，$aa_X = a_Y O = a''a_Z$。故作图步骤如图 3－5（b）或图 3－5（c）所示。

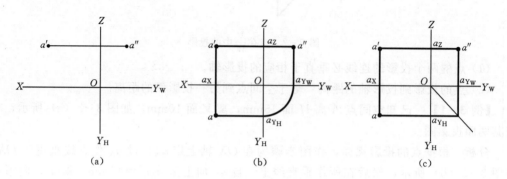

图 3－5　求点的第三投影

3.1.3　点的坐标

如图 3－6 所示，互相垂直的 V、H、W 面相当于直角坐标系的坐标平面；OX、OY、OZ 相当于三根坐标轴，各轴正方向按右手法则为食指、中指、拇指的指向；点 O 为坐标原点。空间点至 W、V、H 面的距离分别为 x 坐标、y 坐标、z 坐标。点 A 的空间位置可用 A（x，y，z）表示。如点 A 的坐标为 $x = 20$，$y = 10$，$z = 15$，则写成 A（20，10，15）。

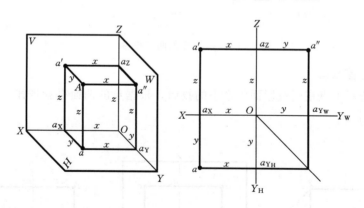

图 3－6　点的坐标

观察图 3－6 可知：

$$aa_{Y_H} = a'a_Z = a_X O = x_A$$
$$aa_X = a''a_Z = a_Y O = y_A$$
$$a'a_X = a''a_{Y_W} = a_Z O = z_A$$

点的每个投影可由两个坐标确定：X 与 Y 坐标确定 a，X 与 Z 坐标确定 a'，Y 与 Z

坐标确定 a''。点的每两个投影即可反映点的三个坐标，从而能够确定点的空间位置。

知道点的坐标，就可作出点的投影。图 3-7 表示了作点 A（15，5，10）的投影的方法：

（1）画投影轴。自 O 点起分别在 X、Y、Z 轴上量取 15、5、10，得 a_X、a_Y、a_Z，见图 3-7（a）。

（2）过 a_X、a_Y、a_Z 分别作 X、Y、Z 轴的垂线，它们两两相交，得交点 a、a'、a''，即为点 A 的三个投影，见图 3-7（b）。

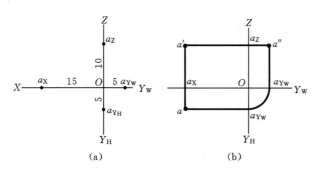

图 3-7　点的投影

知道点的坐标或投影图可以作出点的直观图。

图 3-8 表示出空间点 A（15，8，10）及其三面投影的直观图的作图方法：

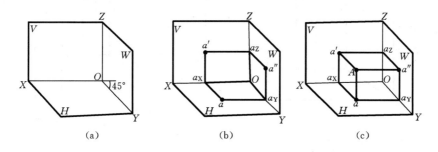

图 3-8　点的直观图

（1）如图 3-8（a）所示，先过原点 O 作水平线 OX，铅垂线 OZ，45°线 OY，得三投影轴，并使三轴的长度分别大于 15，8，10。再过三轴端点分别作投影轴的平行线，得 V、H、W 三投影面。

（2）如图 3-8（b）所示，自原点起在 X、Y、Z 轴上分别量取 15，8，10，得 a_X、a_Y、a_Z，过此三点分别作轴的平行线，它们两两相交，交点 a、a'、a'' 即点 A 的三面投影。

（3）如图 3-8（c）所示，自 a、a'、a'' 分别作 Z、Y、X 轴的平行线，它们的交点 A 即为所求。

3.1.4　两点的相对位置

由于点的 x、y、z 坐标分别反映了点对 W、V、H 面

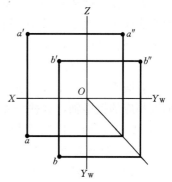

图 3-9　两点的相对位置

的距离，故比较两个点的 x、y、z 坐标的大小，就能确定两点的相对位置。x 大者在左，y 大者在前，z 大者在上。

如图 3-9，比较坐标大小，可知点 A 在点 B 的左、上、后方；点 B 在点 A 的右、下、前方。

对于形状固定的物体而言，只要保持物体上各点的坐标差不变，改变物体与投影面的距离，并不影响物体尺寸，即物体形状大小不变。这就是画图时可不画投影轴，并且物体的三个视图能保持"长对正、高平齐、宽相等"投影规律的原因。

3.2　直线的投影

直线的投影一般仍是直线。故作出直线上两点的投影，并将同一投影面上的投影（称同面投影）用直线相连，便得到直线的投影。

若比较直线上两点的相对位置，可想象出直线的空间位置。图 3-10（a）所示为一直线段 AB 的三面投影。分析两端点 A 和 B 的位置，可知点 A 在点 B 的右后上方。则直线 AB 是由右后上方至左前下方，如图 3-10（b）所示。

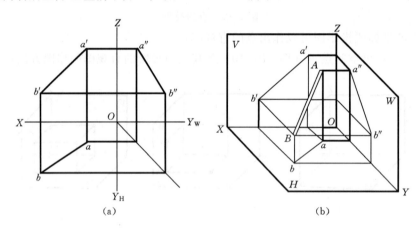

(a)　　　　　　　　　　(b)

图 3-10　直线上两点的相对位置

3.2.1　各种位置直线的投影特点

在三投影面体系中，直线按其位置不同，可以分为投影面垂直线、投影面平行线及一般位置线三类。前两类统称特殊位置线。

1. 投影面垂直线

直线垂直于一个投影面，必然平行其他两个投影面及相应的投影轴，这种线称投影面垂直线。如图 3-11 中 $AB \perp V$ 面，同时平行 H 面、W 面及 Y 轴，故 AB 的水平及侧面投影必平行 OY，正面投影积聚成一点。它们的投影特点见表 3-1。

根据其所垂直的投影面的不同，投影面垂直线又

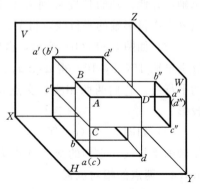

图 3-11　投影面垂直线

分为三种：

(1) 正垂线——垂直 V 面的直线，如图 3-11 中 AB 线。

(2) 铅垂线——垂直 H 面的直线，如图 3-11 中 AC 线。

(3) 侧垂线——垂直 W 面的直线，如图 3-11 中 AD 线。

表 3-1   投影面垂直线的投影特点

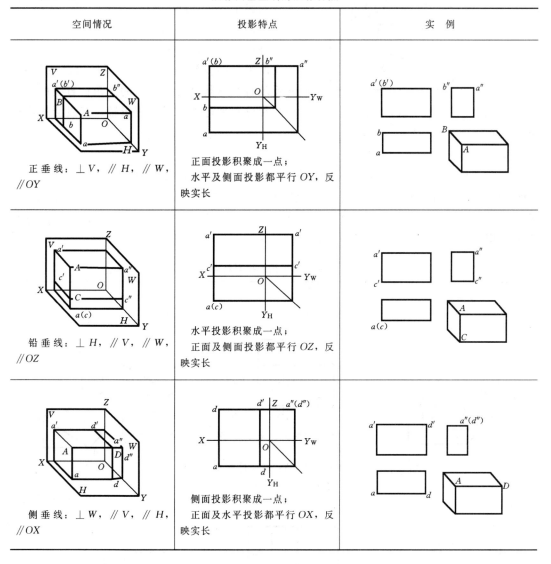

空间情况	投影特点	实 例
正垂线：$\perp V$, $/\!/H$, $/\!/W$, $/\!/OY$	正面投影积聚成一点；水平及侧面投影都平行 OY，反映实长	
铅垂线：$\perp H$, $/\!/V$, $/\!/W$, $/\!/OZ$	水平投影积聚成一点；正面及侧面投影都平行 OZ，反映实长	
侧垂线：$\perp W$, $/\!/V$, $/\!/H$, $/\!/OX$	侧面投影积聚成一点；正面及水平投影都平行 OX，反映实长	

三种投影面垂直线的共性是：

在它所垂直的投影面上的投影积聚成一点，其他两投影平行于同一根投影轴，并反映实长。

2. 投影面平行线

平行于一个投影面，同时倾斜于其他两个投影面的直线称投影面平行线。图 3-12 中 $AB/\!/V$ 面，倾斜于（∠）H 面及 W 面，它的正面投影 $a'b'$ 反映实长及其与 H、W 面的

41

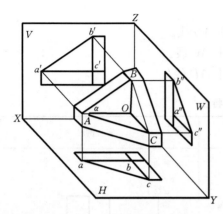

图 3-12　投影面平行线

倾角α、γ（直线与其相应投影的夹角即直线对相应投影面的倾角，它与 H、V、W 面的倾角分别用α、β、γ 表示）。因 $Y_A = Y_B$，所以 ab // OX，$a''b''$ // OZ。

平行于 V、H、W 面的直线分别称为正平线、水平线及侧平线，如图 3-12 中 AB、AC 及 BC 线所示，它们的投影特点见表 3-2。

三种投影面平行线的共性是：

在所平行的投影面上的投影反映直线的实长，同时反映直线与其他两投影面的倾角；直线的其他两个投影分别平行于相应的投影轴，其投影长度都比实长短。

3. 一般位置线

与三个投影面都倾斜的直线称一般位置线，如图 3-13（a）中四棱台的棱线 AB 所示。因为它不平行于 V、H、W 中任一投影面，所以它的三个投影都不平行于投影轴，都不反映实长及对投影面的倾角。图 3-13（b）和图 3-13（c）是一般位置线 AB 的直观图和投影图。

表 3-2　　　　　　　　　　　　　投影面平行线的投影特点

空间情况	投影特点	实　例
正平线：// V，⊥ H，⊥ W	正面投影反映实长及与 H、W 面的倾角α、γ； 水平投影 // OX，侧面投影 // OZ，都缩短	
水平线：// H，⊥ V，⊥ W	水平投影反映实长及与 V、W 面的倾角β、γ； 正面投影 // OX，侧面投影 // OY_W，都缩短	

续表

空间情况	投影特点	实 例
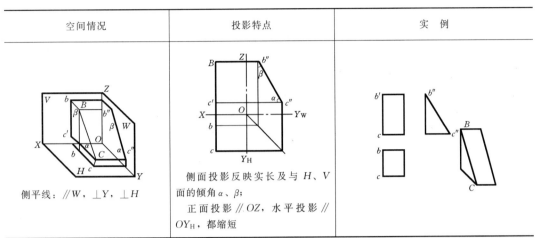 侧平线：∥W，⊥Y，⊥H	侧面投影反映实长及与H、V面的倾角α、β； 正面投影∥OZ，水平投影∥OY_H，都缩短	

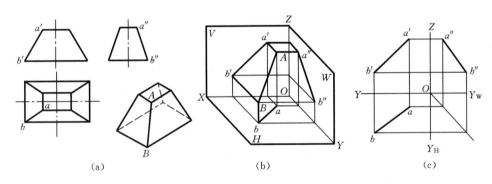

图 3-13 一般位置线

比较三类直线的投影特点，可以看出：如果直线的一个投影是点，其余两个投影平行于同一投影轴，则该直线是投影面垂直线；如果直线一个投影是斜线，其余两个投影分别平行于两个相应投影轴，则是投影面平行线；如果直线三个投影都是斜线，则是一般位置线。

【例 3-3】 判断图 3-14（a）直线 AB 的空间位置，并求 ab。

分析 因 $a'b'$ 与 $a''b''$ 分别平行 OX 与 OY_W，反映 AB 线上各点与 H 面距离相等，所以 AB 是水平线，其水平投影应是一条斜线。求出 a、b，连接之，便得直线的水平投影，见图 3-14（b）。

【例 3-4】 根据图 3-15（a）判断直线 AB 的空间位置，并求 $a''b''$。

分析 因已知二投影都是倾斜线，故 AB 只能是一般位置线，它的侧面投影 $a''b''$ 也应是斜线，比较 A、B 两点的投影，可以想出直线 AB 由右、前、上方至左、后、下方，如图 3-15（b）所示。求出 $a''b''$ 连接之，即得直线的侧面投影，见图 3-15（c）。

3.2.2 线段实长和倾角的求法

直线与 H、V、W 面的倾角用 α、β、γ 表示，它们分别是直线与其水平投影、正面投影、侧面投影的夹角。

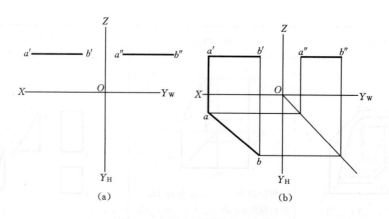

图 3-14　求水平线的水平投影

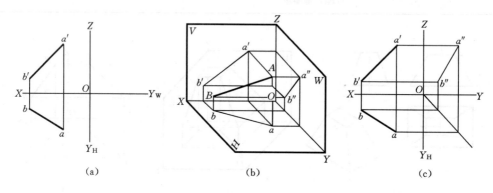

图 3-15　求一般位置线的侧面投影

由三类线的投影特点可知，只有特殊位置直线的线段实长及倾角可直接在投影图上获得。一般位置直线段实长及倾角需用图解的方法求得。

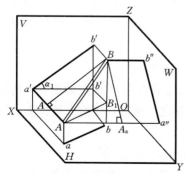

图 3-16　一般位置直线的直观图

如图 3-16 所示，在由 AB 及其投影 ab 组成的平面 $AabB$ 中，过 A 作 $AB_1//ab$ 交 Bb 于 B_1，$\angle BAB_1$ 即为 AB 对 H 面的倾角 α。

在直角三角形 ABB_1 中，直角边 $AB_1=ab$，直角边 $BB_1=Bb-B_1b=Bb-Aa=|Z_B-Z_A|$。斜边 AB 为线段实长，斜边与长度为 ab 的直角边的夹角即为 α。因此，若要求 AB 实长和 α，只需作出与 $\triangle ABB_1$ 全等的直角三角形即可。

图 3-17（a）系图 3-16 所示线段 AB 的三面投影。为求 AB 实长及倾角 α，图 3-17（b）～图 3-17（d）分别在不同位置作出了与图 3-16 中的 $\triangle ABB_1$ 全等的 $\triangle abB_0$、$\triangle b'A_0b'_1$、$\triangle ABB_0$。它们一条直角边长度为 ab；另一条直角边长度为线段两端点的 Z 坐标之差；斜边即所求 AB 的实长，斜边与长度为 ab 的直角边的夹角即倾角 α。当 AB 的三面投影已知时，水平投影 ab 长度及 B、A 两端点的 Z 坐标之差均可由投影确定。

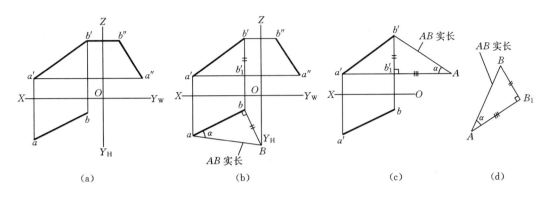

图 3-17 一般位置直线的实长和倾角

在图 3-16 中，如过点 B 分别作直线平行于 $a'b'$、$a''b''$，则 $\angle ABA_1$ 和 $\angle ABA_2$ 分别为 AB 对 V 面、W 面的倾角 β、γ。

可以看出：α、β、γ 分别外在直角三角形 ABB_1、ABA_1 及 ABA_2 中，每个三角形斜边都是 AB 线段实长；两条直角边中，一条为 AB 在一个投影面上的投影长，另一条为线段两端点至该投影面的距离差。

只要作出这些直角三角形，便可得到线段实长及倾角，这种图解方法称直角三角形法。图 3-18 集中表示了求 α、β、γ 及线段实长的作图方法。解题时有针对性地选作直角三角形。

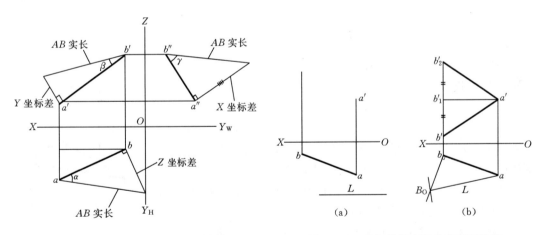

图 3-18 一般位置线的实长及倾角　　　图 3-19 已知线段实长求其正面投影

【例 3-5】　已知 ab 及 a'，并知线段 AB 的实长 L，如图 3-19（a）所示，求其正面投影 $a'b'$。

分析　因 b 为已知，b' 必在自 b 引出的铅直线上；又因 a' 为已知，若知道 $|Z_B-Z_A|$，或 $a'b'$ 的长度，便可确定 b'，画出正面投影 $a'b'$。从图 3-16 可知，直角三角形 ABB_1 由直角边 ab、$|Z_B-Z_A|$ 及斜边 AB（实长）为三条边组成，只要已知其中任两条边就可作出该直角三角形，第三边之长即被确定。现 AB 实长 L 已知，ab 为已知。故 $|Z_B-Z_A|$ 可通过作直角三角形获得。

45

作图　由 ab 和斜边长 L 作出直角三角形 abB_0。$B_0b=|Z_B-Z_A|$，过 a' 作 $a'b'_1$∥OX，自 b'_1 向上、下各量取长度 B_0b，得 b' 和 b'_2。连接 $a'b'$ 和 $a'b'_2$，它们都符合题设条件，因此本题有两解，见图 3-19（b）。

3.2.3　直线上的点

如图 3-20 所示，点 C 在直线 AB 上，则 c 在 ab 上，c' 在 $a'b'$ 上，c'' 在 $a''b''$ 上，而且 $AC:CB=ac:cb=a'c':c'b'=a''c'':c''b''$。由此可得出结论：

（1）点在直线上，其投影必在直线的同面（同投影面）投影上，且一对投影的连线必垂直于投影轴。

（2）一点若把线段分成两段，则两线段长度之比，等于其投影长度之比。

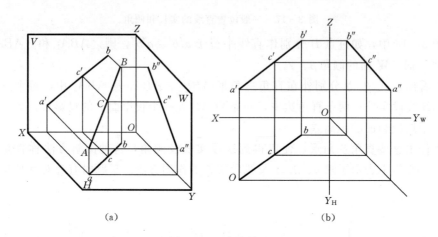

图 3-20　点在线上

【例 3-6】　已知点 K 将线段 AB 分割成 $2:3$，见图 3-21，求分点 K 的投影。

分析　已知 $AK:KB=2:3$ 则 $ak:kb=2:3$。

自 a 作一任意辅助线，在此线上量取 $ak_0=2$ 单位，$k_0b_0=3$ 单位。连 b_0b，过 k_0 作直线平行 b_0b，与 ab 交于 K，再过 K 作直线垂直 OX，与 $a'b'$ 交于 k'。k、k' 即为所求。

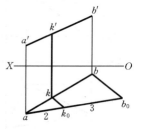

图 3-21　例 3-6 图

【例 3-7】　如图 3-22（a），已知直线 AB 及点 K 的一对投影，判断点 K 是否在直线 AB 上。

分析　本例可采用定比或求出第三面投影的方法进行判别。

解法一　［见图 3-22（b）］：若点 K 在直线 AB 上，则 $a'k':k'b'=ak:kb$。

过 b 作任意辅助线，在此线上量 $bk_0=b'k'$，$k_0a_0=k'a'$。连 a_0a，再过 k_0 作直线平行 a_0a，与 ab 交于 k_1。因 k 与 k_1 不重合，可知 $ak:kb\neq a'k':k'b'$，则点 K 不在直线 AB 上。

解法二　［见图 3-22（c）］：作出直线 AB 及点 K 的侧面投影。因 k'' 不在 $a''b''$ 上，可知点 K 不在直线 AB 上。

3.2.4　两直线的相对位置

空间两直线的相对位置有三种：①平行；②相交；③既不平行，又不相交，称为交

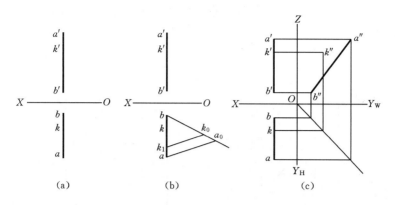

图 3-22 判别点是否在线上

叉。交叉两直线不能形成一个平面又称异面直线。图 3-23（a）中，AB、DC、FG 互相平行；AB、AD、AF 互相相交；AB 与 DE 交叉。图 3-23（b）中。AB 与 CD 也交叉。下面介绍这三种情况的投影特点。

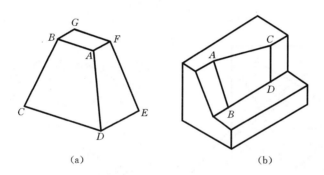

图 3-23 两直线的相对位置

1. 两直线平行

图 3-24 中，AB∥CD，投影线平面 ABba∥CDdc，故 ab∥cd。同理可证 a'b'∥c'd'，a"b"∥c"d"。由此可得出结论：

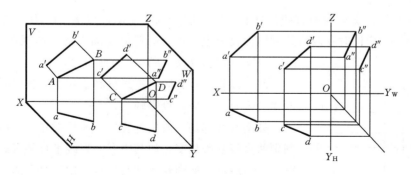

图 3-24 两直线平行

两直线平行，它们的同面投影必互相平行。反之，若两直线同面投影都互相平行，则此两直线也互相平行。

如两直线是一般位置线，只要根据任意两面投影就可判断两直线是否平行；如两直线同时平行某投影面，则需要看它们在这个投影面上的投影是否平行而定，如图 3-25 所示。

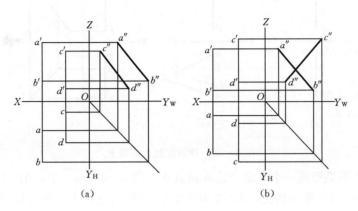

图 3-25 判断两直线是否平行
（a）平行；（b）不平行

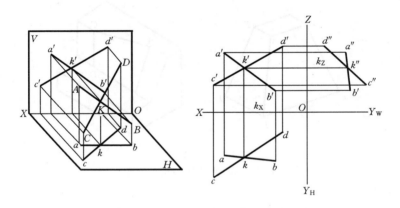

图 3-26 两直线相交

2. 两直线相交

两直线相交，交点为两直线的共有点。如图 3-26 所示，点 K 为 AB 与 CD 的共有点，它的投影必定同时在两直线的同面投影上，而且必符合空间点的投影规律，既 $kk' \perp OX$，$k'k'' \perp OZ$，$k_X k = k''k_Z$。由此可知：

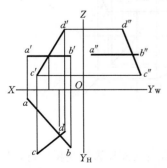

图 3-27 两直线不相交

两直线相交，其同面投影也必定相交，且同面投影交点的连线垂直于相应的投影轴。

如两直线都是一般位置线，只要根据任意两面投影就可判别两直线是否相交。如其中有一直线平行某投影面时，如图 3-27 所示，那则要看它们在这个投影面上的投影是否相交，而且同面投影交点的连线是否垂直相应的投影轴而定。也可用检查点 K 是否在 CD 线上的方法来判别。图 3-27 所示两直线不相交。

3. 两直线交叉

交叉两直线的投影既不符合平行两直线的投影特点，又不符合相交两直线的投影特点。也就是说交叉两直线所有同面投影不会都互相平行，如图 3-25（b）所示；其投影也可能都相交，但因空间并无交点，故同面投影交点的连线不垂直投影轴，如图 3-27 和图 3-28 所示。交叉两直线同面投影的交点是重影点的投影。

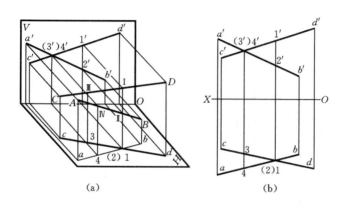

图 3-28　交叉两直线

4. 重影点与可见性的判别

图 3-28 中 AB 与 CD 为交叉两直线。AB 线上的点 Ⅰ 与 CD 线上的点 Ⅱ 在同一条垂直 H 面的投影线上，它们的水平投影重合。AB 线上的点 Ⅲ 与 CD 线上的点 Ⅳ 在同一条垂直 V 面的投影线上，它们的正面投影重合。空间点 Ⅰ、Ⅱ 和 Ⅲ、Ⅳ 称重影点。

判别重影点 Ⅰ、Ⅱ 水平投影 1、2 的可见性，需要根据正面投影比较空间两点的高低来确定。图 3-28（a）中点 Ⅰ 比点 Ⅱ 高，故 1 可见，2 不可见，用（2）表示。

判别重影点 Ⅲ、Ⅳ 正面投影 $3'$、$4'$ 的可见性，需要根据水平投影比较空间两点的前后。图 3-28（a）中点 Ⅳ 在前、点 Ⅲ 在后，故 $4'$ 可见，$3'$ 不可见，用（$3'$）表示。

【例 3-8】　如图 3-29（a）所示，已知 $AB // CD$，求 cd。

分析　因 $AB // CD$，故 $ab // cd$，且 $d'd \perp OX$。

作图方法见图 3-29（b）：过 c 作直线平行 ab，过 d' 作直线垂直 OX，两直线交于 d，cd 即为所求。

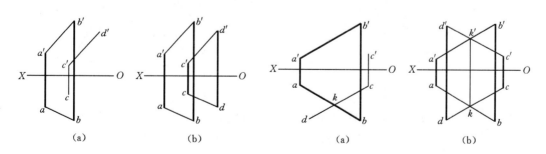

图 3-29　作两直线平行　　　　　图 3-30　作两直线相交

【例 3-9】　如图 3-30（a）所示，已知 AB 与 CD 相交，求 $c'd'$。

分析 因 AB 与 CD 相交，$c'd'$ 必与 $a'b'$ 相交，且其交点 k' 与 k 的连线必垂直 OX。

作图方法见图 $3-30$ (b)：自 k 作 OX 轴垂线与 $a'b'$ 交于 k'。连 $c'k'$，并延长之。再过 d 作 OX 轴的垂线，与 $c'k'$ 的延长线交于 d'，$c'd'$ 即为所求。

5. 两直线垂直

观察图 $3-31$，当直角三角形 ABC 平行 H 面时，其水平投影 $\triangle abc$ 反映 $\triangle ABC$ 的实形，$\angle cab = \angle CAB = 90°$。若斜边 BC 不动，将点 A 旋转到 A_1 位置，两直角边 A_1B、A_1C 都不平行 H 面，这时其水平投影 $a_1b < A_1B$ 亦小于 ab，$a_1c < A_1C$ 亦小于 ac，故 $\triangle a_1bc \neq \triangle abc$，$\angle ca_1b \neq 90°$。由此可知：

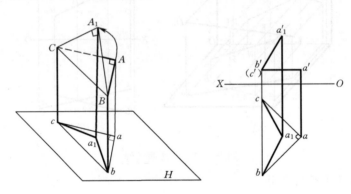

图 $3-31$ 两直线垂直

（1）当垂直两直线都平行某投影面时，在该投影面上的投影反映直角。

（2）当垂直两直线都不平行某投影面时，在该投影面上的投影必不反映直角。

那么，当垂直两直线中有一条平行于投影面时，投影是否反映直角呢？

从立体几何知道：一直线若垂直于某平面内任意两相交直线，则此直线与该平面垂直。此时平面内任何直线都与该直线垂直。如图 $3-32$ 所示，直线 AB 垂直平面 P 内两相交直线 CD、EF，则直线 $AB \perp P$ 面，平面 P 内一切直线都与 AB 垂直。图中直线 MN、KL 与 AB 交叉垂直。

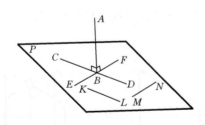

图 $3-32$ 线面垂直

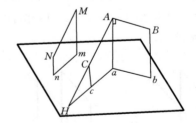

图 $3-33$ 两线垂直

图 $3-33$ 中，$MN // AC$，$AB \perp AC$，且 $AB // H$ 面。

由于 $AB \perp Aa$，且 $AB \perp AC$，故 $AB \perp ACca$；因 $ab // AB$，故 $ab \perp ACca$，$ab \perp ac$，$\angle bac = 90°$。又因 $MN // AC$，故 $mn // ac$，$ab \perp mn$。由此可得出：

（3）当垂直两直线（相交或交叉）中有一条平行于投影面时，在该投影面上的投影也必反映直角；反之，若两直线的某个投影互相垂直，且两直线之一平行该投影面时，此两直线在空间必互相垂直。

图 3-34 中：$AB /\!/ H$ 面，$ab \perp ac$，故 $AB \perp AC$；$DE /\!/ V$ 面，$d'e' \perp e'f'$，故 $DE \perp EF$；虽然 $l'm' \perp m'n'$，$lm \perp mn$，但 LM、MN 都不平行 V 或 H 面，故 LM 与 MN 并不垂直；$GH /\!/ V$ 面，$g'h' \perp j'k'$，故 $GH \perp JK$，它们的相对位置分别如图中所注。

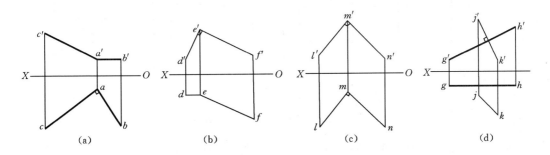

图 3-34　判别两直线垂直

（a）相交垂直；（b）相交垂直；（c）相交；（d）交叉垂直

【例 3-10】　已知 CD 与 AB 垂直相交，交点为 D，见图 3-35，求 CD 的投影。

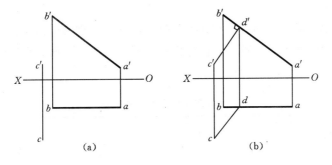

图 3-35　求垂线的投影

分析　因 $AB \perp CD$，$AB /\!/ V$ 面，故 $c'd' \perp a'b'$。又因 AB 与 CD 相交、交点为 D，故 d'、d 应在 AB 的同面投影上。

作图方法见图 3-35（b）：过 c' 作直线垂直 $a'b'$，与 $a'b'$ 交于 d' 在 ab 上求出相应的 d，连 cd。则 cd 与 $c'd'$ 即为 CD 的一对投影。

3.3　平　面　的　投　影

3.3.1　平面的几何元素表示法

因不在同一直线上的三点可确定一个平面的空间位置，故画出不在同一直线上的三点或以此三点转换成的其他形式，就能在投影图上表示平面，如图 3-36 所示。

图 3-36（a）为不在同一直线上的三个点。

图 3-36（b）为一直线和线外一点。

图 3-36（c）为两平行直线（$AC /\!/ BE$）。

图 3-36（d）为两相交直线（$AB \times AC$）。

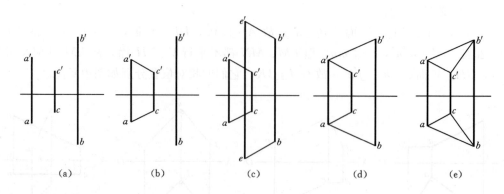

| (a) | (b) | (c) | (d) | (e) |

图 3－36　平面的几何元素表示法

图 3－36 （e）为任意平面图形（常用的有三角形、四边形等）。

3.3.2　各种位置平面的投影特点

平面按其在三投影面体系中位置的不同，可以分为投影面平行面、投影面垂直面和一般位置面三类。前两类统称特殊位置平面。

1. 投影面平行面

平行于一个投影面，必同时垂直其他两投影面的平面称投影面平行面。投影面平行面分正平面、水平面和侧平面三种，它们分别平行于 V、H、W 面。它们的空间情况及投影特点见表 3－3。

表 3－3　　　　　　　　　　　　投影面平行面的投影特点

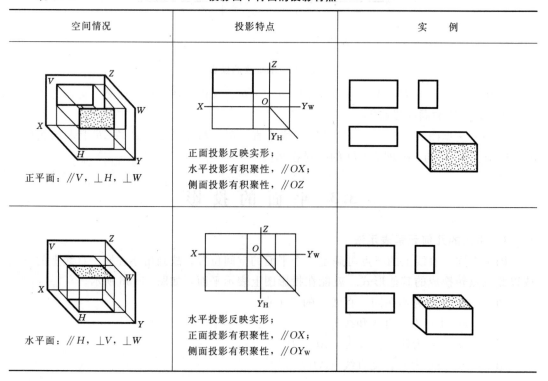

空间情况	投影特点	实　例
正平面：//V，⊥H，⊥W	正面投影反映实形； 水平投影有积聚性，//OX； 侧面投影有积聚性，//OZ	
水平面：//H，⊥V，⊥W	水平投影反映实形； 正面投影有积聚性，//OX； 侧面投影有积聚性，//OY_W	

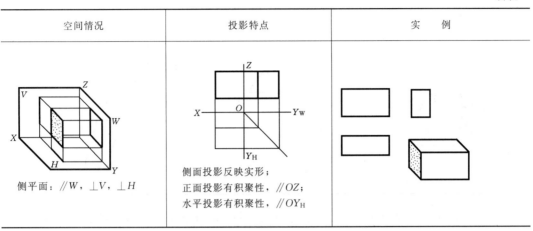

空间情况	投影特点	实 例
侧平面：// W ，⊥ V ，⊥ H	侧面投影反映实形； 正面投影有积聚性，// OZ ； 水平投影有积聚性，// OY_H	

三种投影面平行面的共性是：

在和它平行的投影上的投影反映实形，其他两投影都积聚成平行于相应投影轴的直线段。

2. 投影面垂直面

垂直于一个投影面并倾斜于其他两个投影面的平面称投影面垂直面。投影面垂直面分正垂面、铅垂面、侧垂面三种，它们分别垂直于 V 、 H 、 W 面。它们的空间情况及投影特点见表 3-4。

表 3-4　　　　　　　　　**投影面垂直面的投影特点**

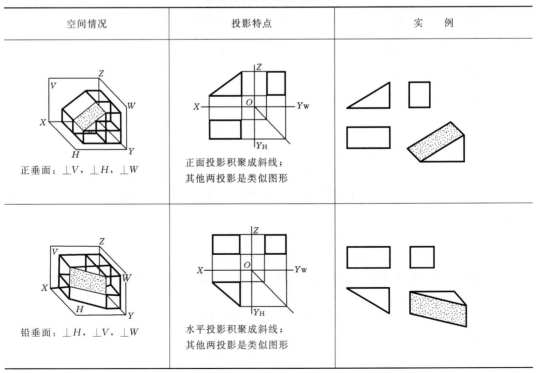

空间情况	投影特点	实 例
正垂面：⊥ V ，⊥ H ，⊥ W	正面投影积聚成斜线； 其他两投影是类似图形	
铅垂面：⊥ H ，⊥ V ，⊥ W	水平投影积聚成斜线； 其他两投影是类似图形	

续表

空间情况	投影特点	实 例
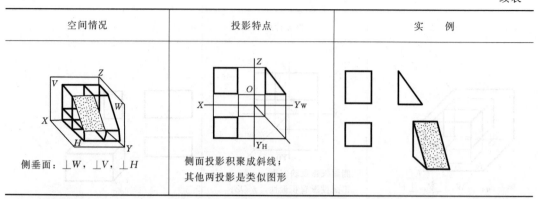 侧垂面：$\perp W$，$\perp V$，$\perp H$	侧面投影积聚成斜线； 其他两投影是类似图形	

三种投影面垂直面的共性是：在和它垂直的投影面上投影积聚成一斜线，其他两投影是两个类似图形。

3. 一般位置面

同时倾斜于三个投影面的平面称一般位置面，如图 3－37 中四棱锥的 ABC 棱面所示。因为它倾斜于三个投影面，所以其三个投影都是类似图形。

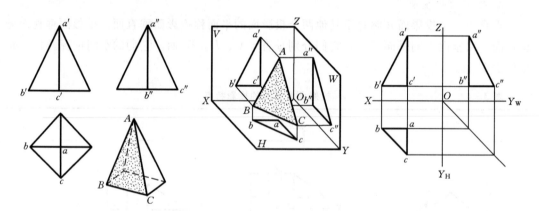

图 3－37 一般位置面

比较三类平面的投影特点，可以看出：

如果某平面有两个投影积聚成平行于投影轴的直线段，则该平面是投影面平行面；如一个投影积聚成一段斜线，其余两投影是类似图形，则是投影面垂直面；如三个投影都是类似图形，则是一般位置面。

如图 3－38 中，△ABC 与△DEF 的正面投影都是直线，水平投影都是三角形，可以判断两三角形都垂直 V 面。因△ABC 的正面投影 $a'b'c'$ 平行 OX，面上各点与 H 面距离相等，所以△ABC 是水平面、$d'e'f'$ 是一斜线，所以△DEF 是正垂面。它们侧面投影是什么形状？试自行分析。

又如图 3－39 中，已知△ABC 的两个投影都是三角形，可以知道△ABC 同时倾斜 V 面及 W 面。它是不是也倾斜 H 面呢？

立体几何有一条定理：如果一个平面通过另一平面的垂线，那么这两个平面互相垂

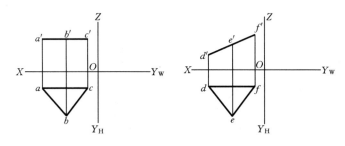

图 3-38　比较特殊位置平面

直、如图 3-40 中 $MN \perp H$ 面，故 P、Q、R 面都垂直 H 面。

因图 3-39 中 $b'c'$ 与 $b''c''$ 都平行 OZ 轴，可知 $BC \perp H$ 面，所以 $\triangle ABC$ 必垂直 H 面。它的水平投影应积聚成一斜线（可自行作出）。

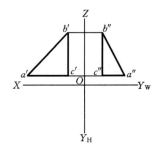

图 3-39　铅垂面

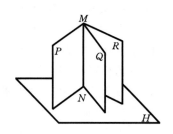

图 3-40　两平面垂直直观图

【例 3-11】　求图 3-41（a）所示三角形 ABC 的侧面投影，并分析 ABC 平面的空间位置。

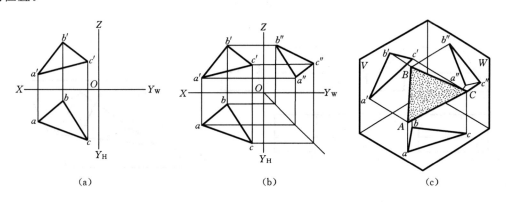

（a）　　　　　　　　　　（b）　　　　　　　　　　（c）

图 3-41　一般位置平面

　　分析　（1）求出 A、B、C 三点的侧面投影，连接起来，就得到 $\triangle ABC$ 的侧面投影，如图 3-41（b）所示。

　　（2）因为三个投影都是三角形（三个类似图形），可知 $\triangle ABC$ 倾斜于三个投影面，是一般位置平面。

　　（3）比较 A、B、C 三点的投影，可以看出点 B 最高，点 C 次之，点 A 最低；点 A

在左，点 B 在中，点 C 在右，点 C 最前，点 A 次之，点 B 在后。$\triangle ABC$ 的空间位置如图 3-41（c）所示。读者可用三支铅笔代表三条直线摆出大致情况。

【例 3-12】　画出图 3-42（a）所示物体的视图。

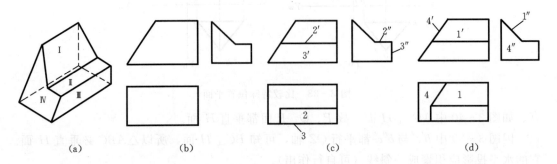

图 3-42　分析平面的位置

分析　该物体可看成由一横放的五边形柱体被斜切一刀而成。画图时应使其底面、背面及右侧面分别平行于 H、V、W 面。此时Ⅱ面及底面为水平面，水平投影反映实形（矩形），V 面及 W 面投影分别积聚成平行于 OX、OY 的直线段。Ⅲ面及背面为正平面，正面投影反映实形（直角梯形），H 及 W 面投影分别平行于 OX、OZ 轴。右侧面为侧平面，侧面投影反映实形，H 及 V 面投影分别平行于 OY、OZ 轴。Ⅰ面为侧垂面，侧面投影积聚成倾斜线段，V 面及 H 面投影均为类似图形（梯形）。Ⅳ面为正垂面，正面投影积聚成倾斜线段，另二投影为类似图形（五边形）。

作图　如图 3-42（b）～图 3-42（d）所示，先画出底面、背面及右侧面，接着画出投影面平行面Ⅱ和Ⅲ的投影，再画投影面垂直面Ⅰ和Ⅳ的投影，最后检查并加深，需特别注意投影面垂直面的两个类似图形。图 3-43 中的两个分图都是错的。

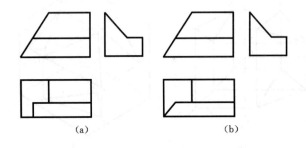

图 3-43　错误的画法

（a）边数不同，非类似图形；（b）边数相同，位置不对应

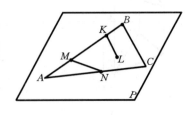

图 3-44　平面内的点和直线

3.3.3　平面内的直线和点

1. 在平面上取点、线

从初等几何可知，点和直线在平面上的必要与充分条件是：

（1）如果点位于平面上的任一直线上，则此点在该平面上。

（2）如果一直线通过平面上两已知点或通过平面上一已知点且平行于平面上一已知直

线，则此直线在该平面上。

如图 3-44，点 M 在 AB 线上，点 N 在 AC 线上，M、N 两点都在平面 P（△ABC）上，所以直线 MN 也在平面 P 上，点 K 在平面 P 上，且 KL∥BC，所以 KL 也在平面 P 上。

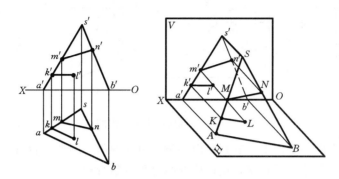

图 3-45　在平面内作直线

【例 3-13】　在平面 SAB 上任作两直线，见图 3-45。

分析　在直线 SA 上任取一点 M（m、m'），在直线 SB 上任取一点 N（n、n'），连接它们的同面投影，则直线 MN（mn、$m'n'$）必在平面 SAB 上。再在直线 SA 上任取一点 K（k、k'），并过 K 作直线 KL∥AB（kl∥ab、$k'l'$∥$a'b'$），则直线 KL 也在平面 SAB 上。

在图 3-46 中，虽然点 E 及点 F 的投影都在△ABC 的投影范围内，但点 E 在平面 ABC 上，而点 F 却不在。

由此可知，在平面上取点与取直线是互相依存的。要在平面上取点。必须取自平面上已知直线，而要在平面上取直线，则必须通过平面上的两已知点或通过平面上一已知点并平行面上一已知直线。如需在平面上任取一点，则要先在平面上取一过该点的直线，再在该直线上取点。由于点在线上，线在面上，则点亦必在面上。这种方法称辅助线法。

如图 3-47（a）和图 3-47（b）所示，已知平面 SAB 上一点 K 的正面投影 k'，要求其水平投影 k 时，可以过点 k 在该平面上任作一辅助线，如 SⅠ 或 KⅡ（∥AB），作出辅助线的一对投影，就可在其水平投影上定出 k。其作图方法分别如图 3-47（c）和图 3-47（d）所示。

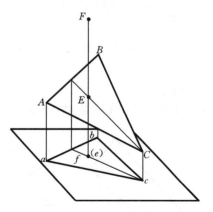

图 3-46　点是否在面上

图 3-47（d）表示利用平行已知边 AB 的直线 KⅡ 作辅助线的作图方法：自 k' 作直线平行于 $a'b'$，与 $s'a'$ 交于 $2'$，在 sa 上定出 2，过 2 作直线平行 ab，与过 k 且 ⊥OX 的直线交于 k，即为所求。

【例 3-14】　判断图 3-48 中两个四边形是否都是平面。

分析　因不在一直线上的三点、相交两直线或平行两直线都可决定一个平面。空间任

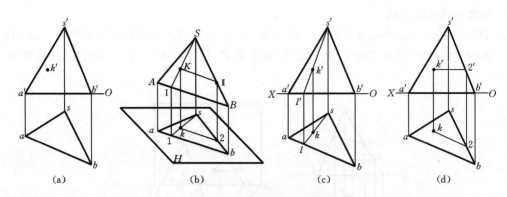

图 3-47 作辅助线求平面内的点

意四点则不一定在同一平面上。要判断由四条边组成的闭合图形是否为一个平面，可以检查任意一对对边是否平行或相交，也可检查两对角线是否相交。

图 3-48 (a) 中，因 $ab/\!/cd$，$a'b'/\!/c'd'$，故 $AB/\!/CD$，所以 $ABCD$ 是一个平面。

对于图 3-48 (b)，可由两对角线是交叉直线，看出 $EFGH$ 不是一个平面；也可由 $e'f'$:$ef\neq h'g'$:hg，看出 EF 不平行于 HG，$EFGH$ 不是一个平面。

2. 平面上的投影面平行线

平面上平行 V、H、W 面的直线，分别称为平面上的正平线、平面上的水平线及平面上的侧平线。图 3-45 中直线 AB 及 KL 都是平面上的水平线。

平面上的投影面平行线同时具有投影面平行线及平面上直线的投影性质。现以平面上的水平线为例说明。

(1) 因平面上的水平线平行水平面，所以其正面投影平行 OX 轴（如图 3-45 中的 $k'l'$）；

(2) 因为它是平面上的直线，所以与同一平面上的水平线平行，与同一平面上的其他直线相交，如图 3-45 中 $KL/\!/AB$，$kl/\!/ab$，KL 与 SA 相交，两直线的同面投影交点 $k'k$ 的连线 $\perp OX$。

平面上的正平线及侧平线的性质试自行分析。

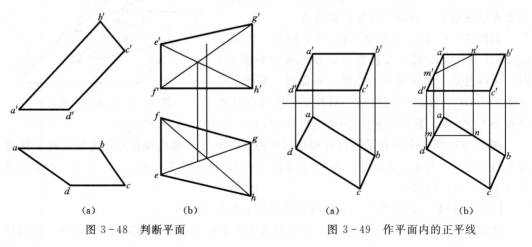

图 3-48 判断平面   图 3-49 作平面内的正平线

【例 3 – 15】   作出图 3 – 49 (a) 所示□ $ABCD$ 平面上与 V 面距离为 10mm 的正平线 MN。

分析 $MN /\!/ V$ 面，mn 必平行 OX，其距离等于 MN 与 V 面的距离。MN 在□$ABCD$ 平面上，必与该平面上已知直线相交。

作图方法见图 3 – 49 (b)：在水平投影作一直线平行于 OX，且与 OX 距离为 10mm。该直线 ad、ab 分别交于 m、n。在 $a'd'$、$a'b'$ 上分别定出 m、n 的对应投影 m'、n'。连 m'、n'，则 mn 及 $m'n'$ 即为所求正平线 MN 的一对投影。

【例 3 – 16】   如图 3 – 50 (a) 所示，挡土墙的梯形平面 $ABCD$ 上有一折线 $KLMN$，已知正面投影，求水平投影。

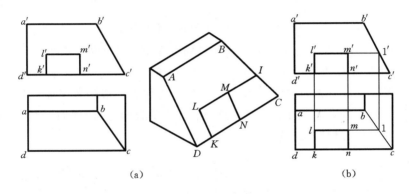

(a)   (b)

图 3 – 50   平面内取点、线的实例

分析 $k'n'$ 在 $c'd'$ 上，kn 必在 cd 上。$l'm' /\!/ d'c'$，lm 必 $/\!/ cd$。延长 $l'm'$，与 $b'c'$ 交于 $1'$，在 bc 上求出其对应投影 1。过 1 作直线 $/\!/ dc$，在此线上找出 $l'm'$ 的对应投影 lm。再连接 kl、mn 即得 $KLMN$ 的水平投影 $klmn$，如图 3 – 50 (b) 所示。

3.4   直线与平面及两平面的相对位置

直线与平面、平面与平面的相对位置有以下四种：

(1) 从属：直线在平面上。

(2) 平行：直线与平面平行，平面与平面平行。

(3) 相交：直线与平面相交，平面与平面相交。

(4) 垂直：直线与平面垂直，平面与平面垂直。

3.4.1   平行问题

1. 直线与平面平行

初等几何定理：若一直线与某平面上任一直线平行，则此直线与该平面平行。反之，若一直线与某平面平行，则在此平面上必能作出与该直线平行的直线。

若直线与特殊位置平面平行，由于特殊位置平面的一个投影有积聚性，故直线的一个投影必与平面的积聚性投影平行，见图 3 – 51。这便是直线与特殊位置平面平行的充要条件。

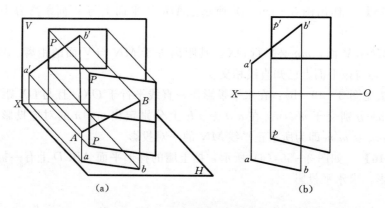

(a)　　　　　　　　　　　　(b)

图 3-51　直线与特殊位置平面平行

【例 3-17】　包含点 A 作一平面平行于已知直线 MN，见图 3-52。

分析　先过点 A 作直线 $AB\,/\!/\,MN$，再过点 A 任作一直线 AC，则平面（$AB\times AC$）即为所求。显然，此题有无穷多解。图 3-52（a）所作为一般位置平面，其投影均无积聚性。图 3-52（b）所作为铅垂面，该平面有积聚性的投影与 mn 平行。图 3-52（c）所作为正垂面，该平面有积聚性的投影与 $m'n'$ 平行。

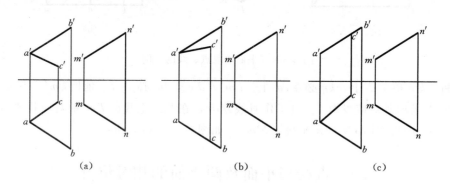

(a)　　　　　　　　　　(b)　　　　　　　　　　(c)

图 3-52　过点 A 作平面平行于直线 MN

2．平面与平面平行

初等几何定理：若两平面各有一对相交直线对应地平行，则此两平面互相平行。

两特殊位置平面平行的充要条件是它们的积聚性投影相互平行。图 3-53 中，$AB\,/\!/$ A_1B_1，$AC\,/\!/\,A_1C_1$，故平面（$AB\times AC$）与平面（$A_1B_1\times A_1C_1$）互相平行。

图 3-54 中，因两平面的积聚性投影平行，故两平面互相平行。图 3-55 是它们的直观图。

3.4.2　相交问题

直线与平面相交，有交点；平面与平面相交，有交线。交点为线、面共有点；交线为面、面共有线。本节着重研究在投影图上求解交点和交线的方法。

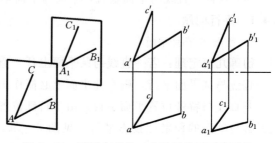

图 3-53　两相交直线对应平行故两平面平行

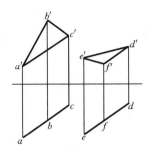
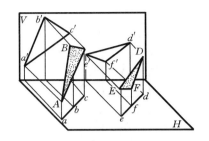

图 3-54 两积聚性投影
平行故两平面平行

图 3-55 直观图

1. 直线与特殊位置平面相交

图 3-56 表示直线 MN 与铅垂面 P 相交。图 3-56（b）中，平面 P 的水平投影积聚成直线段 p，由于交点 K 为线、面共有点，故其水平投影 k 必在 p 与 mn 相交处。交点 K 在 MN 上，故其正面投影 k' 必在 $m'n'$ 上。

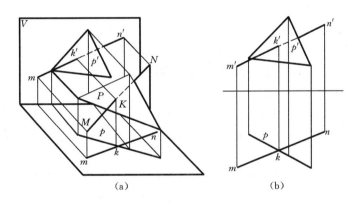

(a)   (b)

图 3-56 直线与特殊位置平面相交
(a) 直观图；(b) 投影图

图 3-56（b）中，直线与平面的正面投影有一段重叠，产生了可见性问题。若交点在平面图形以内，则交点为投影重叠部分直线段上可见与不可见的分界点。从水平投影可分析出直线的 MK 段在平面前面，KN 段在平面后面。故 $m'k'$ 可见，$k'n'$ 与 p' 重叠部分不可见，画成虚线。不重叠部分总是可见的，画成实线。

2. 平面与特殊位置平面相交

图 3-57 表示铅垂面与一般位置面相交。两平面的交线是直线，只要求出两个共有点，便可得出交线。为此，应分别求出两直线 EF、EG 与 $ABCD$ 面的交点 K、L，直线 KL 即为两已知平面的交线。

当交线在平面图形范围内时，甲、乙两平面投影的重叠部分，以交线为界，交线一方为甲面可见，交线另一方为乙面可见。图 3-57 中两平面正面投影的可见性可从水平投影分析出，交线左方三角形平面在前，故 $e'k'l'$ 可见，$a'd'$ 中间一段应画成虚线，交线右方的四边形平面为可见，三角形平面被遮住部分应画成虚线。

61

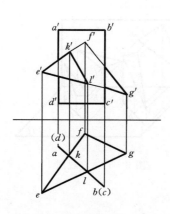

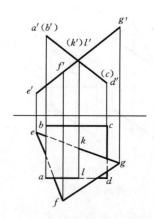

图 3-57　铅垂面与一般
位置面相交

图 3-58　两正垂面相交

两正垂面相交、交线必为正垂线，如图 3-58 所示。交线 KL 的正面投影积聚成一点 $l'(k')$，水平投影 $lk \perp OX$。

3. 投影面垂直线与平面相交

图 3-59 表示一铅垂线 MN 与 $\triangle ABC$ 相交。因交点 K 在 MN 上，故其水平投影 k 与 mn 重合；而 K 又在 $\triangle ABC$ 上，故可运用平面上取点的方法、用辅助线（如 CE）求出 k'。

直线 MN 正面投影的可见性，可用直线 MN 与平面上直线 AB 的重影点 Ⅰ、Ⅱ 来判别。从水平投影可看出，MN 线上的点 Ⅰ 在前，AB 线上的点 Ⅱ 在后，故 l' 可见，$m'k'$ 段也可见。

由图 3-56～图 3-59 可以看出：当相交两元素之一的投影有积聚性时，交点或交线的一个投影可直接获得，另一投影可用直线上取点或面上取点、线的方法得出。

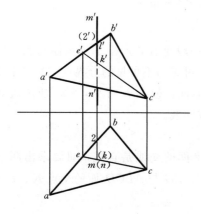

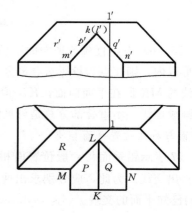

图 3-59　铅垂线与一般位置平面相交

图 3-60　两特殊位置平面相交

特殊位置的相交问题常出现在实际工程中。如图 3-60 所示为屋面 P、Q 与屋面 R 相交。因 P、Q 为正垂面，其交线 KL 必为正垂线；交线 LM 及 LN 的正面投影可直接得到，水平投影可利用面上取点线法求出。

4. 一般位置直线与一般位置平面相交

当参加相交的两个元素都不垂直于投影面时，两者的投影均无积聚性，这时交点的投影不能直接得出。此时，常利用辅助面法求解。

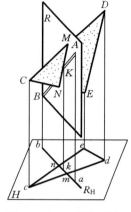

图 3-61 表示直线 AB 与平面 CDE 相交。交点 K 既是直线 AB 又是平面 CDE 上的点，其必在此平面上过点 K 的任一直线 MN 上。一对相交直线 MN 与 AB 组成另一个平面 R。MN 也就是包含 AB 的平面 R 与平面 CDE 的交线，MN 与 AB 的交点即直线 AB 与平面 CDE 的交点。

于是得出一般位置直线与一般位置平面相交时，求交点的作图步骤如下：

（1）包含已知直线作辅助面（为便于作图，常采用投影面垂直面）。

（2）求辅助平面与已知平面的交线。

（3）求出该交线与已知直线的交点，即为所求。

图 3-61 一般位置线、面相交直观图

图 3-62 表示了上述三个步骤的作图过程。其中：图 3-62（a）包含 AB 作辅助面 R；图 3-62（b）求平面 R 与 CDE 平面的交线 MN；图 3-62（c）MN 与 AB 的交点 K 即为所求；图 3-62（d）判别可见性。

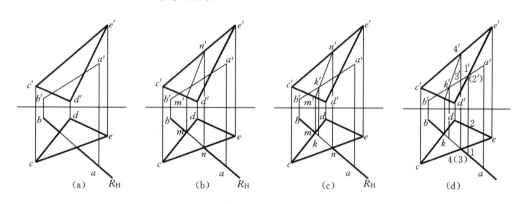

图 3-62 一般位置线、面相交

求出交点后，还要判别直线 AB 各投影的可见性。如图 3-62（d）所示，正面投影的可见性利用重影点Ⅰ、Ⅱ判别，水平投影的可见性利用重影点Ⅲ、Ⅳ判别，并在图上以虚、实线区分清楚。注意，两投影的可见性并没有联系，需分别判别。

3.4.3 垂直问题

1. 直线与特殊位置平面垂直

图 3-63 中直线 $MK \perp ABCD$ 面。因平面 $ABCD \perp H$ 面，MK 必平行 H 面，故 $m'k'$ $//OX$，$mk \perp abcd$。图中点 K 为垂足，mk 反映点 m 到此平面的实际距离。由此可知，直线与投影面垂直面垂直时，必与该平面所垂直的投影面平行，故其投影特点是：在与平面

垂直的投影面上的投影反映直角；直线的另一投影必平行于投影轴。

2. 平面与特殊位置平面垂直

若一直线垂直于某平面，则包含此直线的一切平面都与该平面垂直。

【例 3-18】 过点 M 作一平面垂直于平面 $ABCD$（见图 3-64）。

分析 因 $ABCD$ 是正垂面，故与其垂直的直线必为正平线。先过点 M 作正平线 MK，使 $m'k' \perp a'b'c'd'$，$mk /\!/ OX$；再过点 M 任作一直线 ME。则平面 $KME \perp$ 平面 $ABCD$。此题有无穷多解。

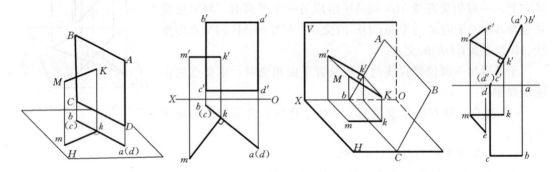

图 3-63 直线与特殊位置平面垂直   图 3-64 过点 M 作一平面垂直于平面 $ABCD$

3.5 投 影 变 换

由前面有关章节可知，当直线和平面对投影面处于一般位置时，投影图上不反映实长、实形等，直线与平面的交点也不能直接从某个投影获得，而当直线和平面对投影面处于特殊位置时，上述问题的解决就能大大简化，如图 3-65 所示。

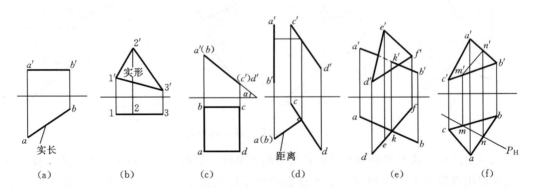

图 3-65 特殊位置几何问题容易解决

投影变换就是改变几何元素与投影面的相对位置，使它们由一般位置变换为特殊位置，以达到简化解题的目的。最常用的方法是变换投影面法，简称换面法。

本节仅介绍换面法的原理和作图方法。

如图 3-66 所示在 $\dfrac{V}{H}$ 两投影面体系中，铅垂面 ABC 在 V、H 面上的投影均不反映实形。若引入一新投影面 V_1 使其既平行于△ABC，又垂直于 H 面，则△ABC 平面在新形成 $\dfrac{V_1}{H}$ 两投影面体系中成为新投影面 V_1 的平行面，它在 V_1 面上的投影△$a_1'b_1'c_1'$ 必反映实形。

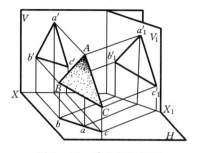

图 3-66　建立新投影面

3.5.1　新投影面的建立

建立新投影面的原则是：

（1）必须垂直于一个旧投影面，以便组成一个新的两投影面体系，应用正投影规律作图。

（2）必须和空间几何元素处于有利解题的位置。

如新投影面垂直于 H 面，见图 3-67，称新正立投影面，以 V_1 标记。它与保留的 H 面间的交线称为新投影轴，以 X_1 表示。点在 V_1 面上的投影以 a_1'、b_1' 等表示。如新投影面垂直 V 面，见图 3-68，则称新水平投影面，以 H_1 标记。点在 H_1 面上的投影以 a_1、b_1 等表示。点在保留的投影面上投影称不变投影。

3.5.2　点的变换

1. 点的一次变换

如图 3-67 所示，已知点 A（a，a'），并知 V_1 面的位置（在投影图上即给定新轴 X_1），要求作出点 A 在 V_1 面上的新投影 a_1'。

自点 A 向 V_1 面作垂线，得垂足 a_1'，即点 A 在 V_1 面上的投影。因 V_1 面⊥H 面，形成新的两投影体系，由点的两面投影规律，可知：$a_1'a_{x1} = Aa = a'a_x$；当 V_1 面与 H 面展平后，$aa_1' \perp X_1$。

在投影图上的作图方法见图 3-67（b）自 a 作 X_1 的垂线，与 X_1 交于 a_{x1}，并在此线上量取 $a_1'a_{x1} = a'a_x$，既可定出 a_1'。

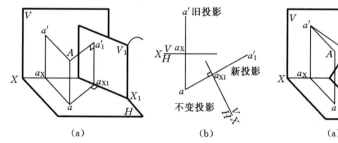

图 3-67　点的一次变换 $V_1 \rightarrow V$

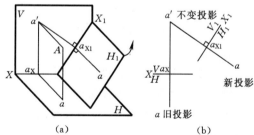

图 3-68　点的一次变换 $H_1 \rightarrow H$

图 3-68 表示用与 V 面垂直的新投影面 H_1 代替 H 面时，点 A 的新投影 a_1 的求法。作图方法与图 3-67 类似。因 H_1 与 H 都⊥V 面，故 $a_1a_{x1} = Aa' = aa_x$，且 $a'a_1' \perp X_1$。

由此可得出由点的原有投影求新投影的规律：

（1）新投影与不变投影的连线垂直于新投影轴。

（2）新投影至新投影轴的距离等于旧投影至旧投影轴的距离。

上述两种情况都只变换了一个投影面，称为一次变换。

2. 点的二次变换

在实际解题时有时一次变换还不能解决问题，需要两次或多次变换投影面。

第二次变换时，新投影面必须垂直 V_1（或 H_1）面，用 H_2（或 V_2）标记，新投影轴用 X_2 标记，点的新投影用 a_2、b_2、$\cdots$（或 a_2'、b_2'、$\cdots$）表示。

图 3-69 表示了点的两次变换：在第一次变换，用 $\dfrac{V_1}{H}$ 体系代替 $\dfrac{V}{H}$ 体系后，再作 H_2 面垂直 V_1 面，形成 $\dfrac{V_1}{H_2}$ 体系。这时 V_1 为不变投影面，H 为旧投影面，X_1 为旧轴。因 H_1 与 H 都垂直 V_1，故 $a_2a_{X2}=Aa_1'=aa_{X1}$，当 H_2 面与 V_1 面展平后，$a_1'a_2 \perp X_2$。

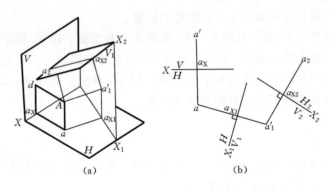

(a)   (b)

图 3-69 点的二次变换方式（1）

两次变换可按 $\dfrac{V}{H} \rightarrow \dfrac{V_1}{H} \rightarrow \dfrac{V_1}{H_2}$ 的顺序，也可按 $\dfrac{V}{H} \rightarrow \dfrac{V}{H_1} \rightarrow \dfrac{V_2}{H_1}$ 的顺序，如图 3-70 所示。应当注意，每次只能变换一个投影面，而且变换 V 面与 H 面必须交替进行。

3.5.3 直线的变换

进行直线的投影变换时，只要求出直线上两个端点的新投影，就可以得到直线的新投影。

1. 直线的一次变换

（1）变一般位置线为投影面平行线。

欲将一般位置线变为投影面平行线，新投影面必须平

图 3-70 点的二次变换方式（2）

行于此直线，新投影轴 X_1 应与直线的不变投影平行。这时，直线的新投影反映线段实长及与不变投影面的倾角。

如图 3-71 所示，直线 AB 在 $\dfrac{V}{H}$ 体系中为一般位置线，若要求其实长及倾角 α，则应使 H 面为不变投影面，采用平行于 AB 且垂直于 H 的 V_1 面为新投影面。作图时，取 $X_1 /\!/ ab$（距离可任定），并求出 a_1' 及 b_1'，连接之，即为 AB 的 V_1 面的投影。$a_1'b_1'$ 等于 AB 实长，它与 X_1 的夹角即为 AB 与 H 面的倾角 α。

图 3-72 所示为将直线 AB 变为 H_1 面平行线的作图。此时 X_1 应与 $a'b'$ 平行，新投影 a_1b_1 反映实长，a_1b_1 与 X_1 的夹角为倾角 β。

（2）变投影面平行线为投影面垂直线。

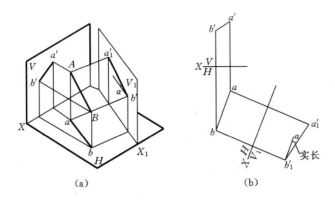

(a)   (b)

图 3-71 将一般位置线 $V_1 \rightarrow V$ 为新正平线

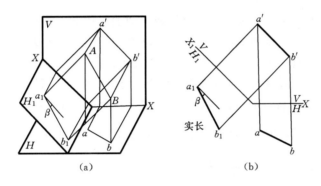

(a)   (b)

图 3-72 将一般位置线 $H_1 \rightarrow H$ 为新水平线

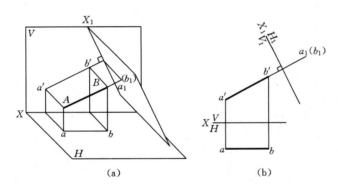

(a)   (b)

图 3-73 将正平线变换为 $H_1 \rightarrow H$ 新铅垂线

图 3-73 中 AB 平行 V 面，若要使它变为新投影面垂直线，新投影面应垂直 AB 且同时垂直 V 面，故以 H_1 面代替 H 面，X_1 应与 $a'b'$ 垂直，新投影 a_1b_1 必积聚成一点。

图 3-74 所示为将水平线 AB 变为 V_1 面垂直线的作图。此时，X_1 应与 ab 垂直，新投影 $a'_1b'_1$ 必积聚成一点。

上述各种情况都只需改变直线与一个投影面的相对位置，称直线的一次变换。

2. 直线的二次变换

将一般位置直线变换成新投影面的垂直线必须经过二次变换。因为若使新的投影面垂直

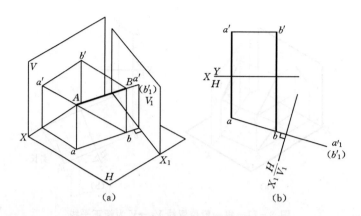

图 3-74 将水平线变换为 $V_1 \to V$ 新正垂线

于一般位置直线，则这个投影面不可能与 H 或 V 垂直，因此不能形成一个互相垂直的新投影面体系。在直线的一次变换中已讲过，一般位置直线经过一次变换可以成为投影面平行线，投影面平行线经过一次变换可成为投影面垂直线。故一般位置直线变换为投影面垂直线的步骤是：先由一般位置直线变成投影面平行线，再由投影面平行线变换成投影面垂直线。

如图 3-75 所示，将一般位置线 AB 变换成投影面垂直线，可先作 $X_1 \parallel ab$，求出 $a_1' b_1'$ $\left(\text{在} \dfrac{V_1}{H} \text{体系中，直线 } AB \text{ 为 } V_1 \text{ 面的平行线}\right)$；再作 $X_2 \perp a_1' b_1'$ 求出 $a_2 b_2$（积聚成一点）。在 $\dfrac{V_1}{H_2}$ 体系中，直线 AB 为 H_2 面的垂直线。

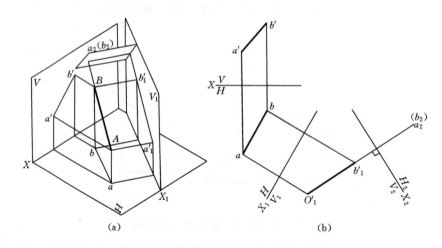

图 3-75 一般位置线变换二次为新正垂线

3.5.4 平面的变换

1. 平面的一次变换

（1）变一般位置平面为新投影面的垂直面，使平面的新投影积聚成一直线。

如图 3-76 所示，为将一般位置平面 $\triangle ABC$ 变换成 V_1 面垂直面，必须使 V_1 面与 $\triangle ABC$ 平面内一条直线垂直。因一般位置直线必须变换两次才能成为新投影面垂直线，而投影面平行线中只需变换一次即可成为新投影面垂直线，所以在△ABC上作一根水平线AD（正平线行不行？为什么？），作X_1垂直ad，求出$c_1'a_1'd_1'b_1'$。在$\dfrac{V_1}{H}$体系中，因为直线$AD \perp V_1$面，所以△ABC也垂直V_1面，它的V_1面投影积聚成线段$c_1'a_1'b_1'$。

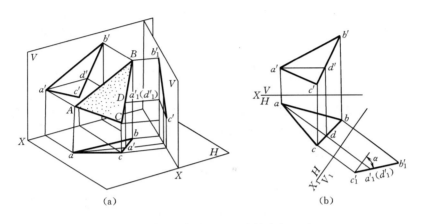

(a)　　　　　　　　　　　　(b)

图 3-76　将一般位置平面变换为新正垂面

（2）变投影面垂直面为投影面平行面，使平面的新投影反映平面的实形。

在图 3-77 中，△ABC为铅垂面，为使它变为新投影面平行面，则新投影面应为垂直H且平行于△ABC平面。故新轴$X_1 /\!/ bac$，新投影△$a_1'b_1'c_1'$反映△ABC的实形。

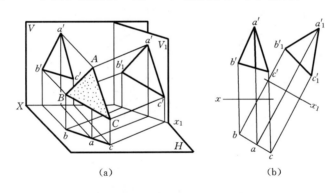

(a)　　　　　　　　　　　　(b)

图 3-77　将铅垂面变换为新正平面

2. 平面的二次变换

将一般位置平面变换成新投影面的平行面，必须经过二次变换。因为若新的投影面平行于一般位置平面，则这个投影面也一定处于一般位置，不可能与H或V垂直而形成一个互相垂直的新投影面体系。在平面的一次变换中，一般位置平面经过一次变换可以成为投影面垂直面；投影面垂直经过一次变换可以成为投影面平行面。故一般位置平面欲变换成投影面平行面的步骤是：先由一般位置平面变换为投影垂直面，再由投影面垂直面变换为投影面平行面。

如图 3-78 所示，将一般位置平面△ABC先变换为V_1面垂直面，再作$X_2 /\!/ c_1'a_1'b_1'$，得△$a_2b_2c_2$。在$\dfrac{V_1}{H_2}$体系中，△ABC为H_2面的平行面，△$a_2b_2c_2$反映平面的实形。

以上系按 $\dfrac{V}{H} \to \dfrac{V_1}{H} \to \dfrac{V_1}{H_2}$ 的顺序进行的二次变换。读者

也可按 $\dfrac{V}{H} \to \dfrac{V}{H_1} \to \dfrac{V_2}{H_1}$ 的顺序进行，同样可求得 $\triangle ABC$ 的

实形。

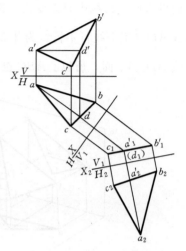

【例 3 - 19】 图 3 - 79（a）求点 A 至平面 DEF 的
距离。

分析 当平面垂直于投影面时，在该投影面上的投影
可以直接反映点至平面的距离。本题中 $\triangle DEF$ 为一般位
置平面，只要使新投影面与它垂直，并求出点 A 及
$\triangle DEF$ 在新投影面上的投影，便可方便地得出解答。因
此本题的解题实质是将一般位置平面变为投影面垂直面。

图 3 - 78　将一般位置平面
变换二次为新正平面

作图 如图 3 - 79（b）所示。作一与 $\triangle DEF$ 垂直的
V_1 面，求出 $\triangle DEF$ 及点 A 的新投影 $d_1'e_1'f_1'$ 及 a_1'；再过 a_1'
作 $e_1'f_1'$ 的垂线，与 $e_1'f_1'$ 交于 k_1'，$a_1'k_1'$ 即所求距离。图中表
示出求垂线及垂足 K 在 H、V 面上投影的方法，因 $AK \perp \triangle DEF$，必平行 V_1，故 $ak \parallel$
X_1，$kk_1' \perp X_1$；根据 k、k_1' 可定出 k'。

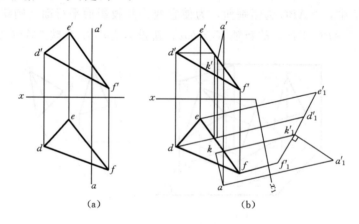

(a)　　　　　　　　(b)

图 3 - 79　求点到平面的距离

【例 3 - 20】 已知等边三角形 ABC 为一铅垂面，并知其一边 AB 的一对投影，如图
3 - 80（a）所示，试完成此三角形的投影。

分析 因三角形为铅垂面，故水平投影有积聚性。若作 V_1 面与之平行，则 $\triangle ABC$ 在
V_1 面上的投影必反映等边三角形实形。据此可反求出 c 及 c'。

作图 见图 3 - 80（b）。取 $X_1 \parallel ab$，求出 $a_1'b_1'$，并以它为一边作等边三角形 $a_1'b_1'c_1'$。
根据 c_1' 可在 ab 上定出 c，根据 c_1' 及 c 可定出 c'。连接 $a'c'$、$b'c'$，即完成作图。

本题有两解，图中只作了一解。

【例 3 - 21】 用 G 管和两个正三通 E、F 将两交叉管 AB 和 CD 接通，如图 3 - 81
（a）所示，试确定 E 和 F 的位置。

分析 因管接头为正三通，管子 G 一定要垂直于管道 AB 及 CD，故本例可归结为求

两交叉直线 AB 及 CD 的公垂线问题。

如果使交叉两直线中的一根直线垂直于新投影面，则公垂线就成为新投影面的平行线，公垂线与直线的新投影能反映它们的垂直关系。因为 AB 在 $\dfrac{V}{H}$ 体系中是水平线，只需要一次变换可以成为 V_1 面垂直线。作图步骤见图 $3-81$（b）。其中：

（1）画出管道轴线 AB、CD 的一对投影 ab、$a'b'$ 和 cd、$c'd'$。

（2）作 $X_1 \perp ab$，求出 $a_1'b_1'$（积聚成一点）及 $c_1'd_1'$。

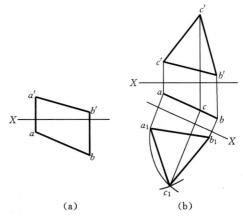

（a）

图 $3-80$ 求等边三角形的实形

（3）由 e_1'（与 $a_1'b_1'$ 重合）作直线垂直于 $c_1'd_1'$，得交点 f_1'。

（4）根据 $e_1'f_1'$ 求出 ef（$ef /\!/ X_1$），再求出 $e'f'$，即确定了 E 和 F 的位置。

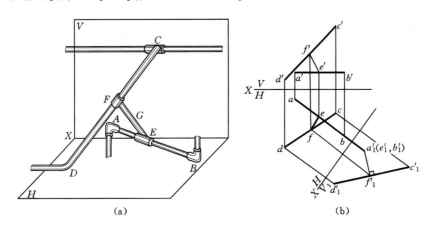

（a）   （b）

图 $3-81$ 求两交叉直线的公垂线

第4章 物体表面的交线

这一章要解决的主要问题是平面与立体的截交线及两回转体表面的相贯线。工程建筑物常可以分析成由一些基本几何体组成，当这些基本体被平面截切或彼此相交时，它们的表面就会产生一些交线，如图4-1所示。为准确地表达物体，需要将这些交线正确地画出来。

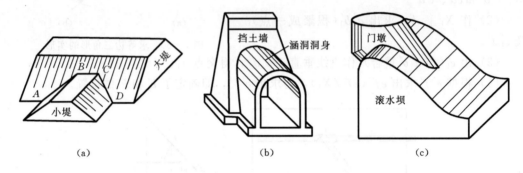

图4-1 立体表面的交线

立体表面的交线分为截交线和相贯线两种。图4-1（a）所示的是大小两堤表面相交；图4-1（b）所示的是挡土墙与涵洞洞身表面相交；图4-1（c）所示的是滚水坝与门墩表面相交，它们的表面都产生了交线。实际上，无论立体表面的性质如何，无论截交线和相贯线的形状如何，求交线的作图问题总是通过求交线上点的投影来解决的，而这些点又都位于立体表面上，因此，立体表面取点是解决立体表面交线问题的基础，应该首先研究立体表面取点的问题。

4.1 体表面上取点

4.1.1 平面体表面上取点

在平面立体表面取点的方法和在平面上取点的方法是一样的。应该注意的是：首先我们应判断出要取的点位于平面立体的哪个平面上，以及所在平面相对于投影面的位置如何。在特殊位置平面上的点可利用积聚性投影作图；在棱线上的点可直接在直线上取点；在一般位置平面上的点则要利用辅助线的方法求出。

【例4-1】 已知四棱台棱面上的 K 点的正面投影 k'，试作 K 点的水平投影和侧面投影，如图4-2（a）所示。

分析 由图4-2（a）可以看出，k' 是可见的，所以 K 点位于四棱台前面的棱面上。而四棱台前面的棱面是侧垂面，在侧面上的投影为右面的一斜线，具有积聚性。因此，K 点的侧面投影必定积聚于该斜线上。这种利用表面有积聚性的投影来取点的方法，称为积

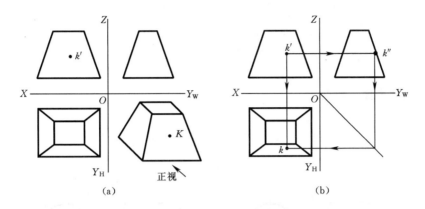

图 4-2　四棱台表面上点的投影（积聚性法）

聚性法。

　　作图　如图 4-2（b）所示，由 k' 向 OZ 轴作垂线，与侧面投影的右边斜线相交得到 k''。再根据点的投影规律，求出第三面投影 k。

　　注意　求出点的投影后，还要判别可见性。根据点所在表面投影是否可见、点的投影的可见性与它所在立体表面的可见性一致等来判别点的投影是否可见。因为 K 点位于四棱台的前边棱面上，从上往下看，四棱台的前边棱面是可见的，所以 K 点水平投影 k 是可见的。

　　【例 4-2】　已知三棱锥表面上 K 点的正面投影 k'，试作 K 点的水平投影和侧面投影，如图 4-3（a）所示。

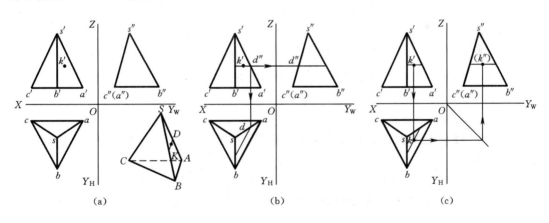

图 4-3　三棱锥表面上点的投影（辅助直线法）

　　分析　图中所绘 K 点的正面投影位于棱面 SAB 和棱面 SAC 的正面投影范围内，所以 K 点应该在这两个面之中的一个平面上，又因为在图 4-3（a）中 k' 是可见的，所以 K 点一定位于可见棱面 SAB 上。由于 SAB 棱面为一般位置平面，它的三面投影都不具有积聚性，所以不能采用积聚性法来求解，但可以通过 K 点在 SAB 棱面上作一平行于 AB 的辅助线，与 SA 相交于 D 点，先作出辅助线的投影，再根据 K 点在辅助线上求出 K 点的水平投影，最后根据点的投影规律求出 K 点的侧面投影。这种方法称为辅助直线法。

作图 过 k' 点作 $a'b'$ 的平行线与 $s'a'$ 交于 d'，求出 D 点的另两面投影 d 和 d''，过 d 和 d'' 点作 ab 和 $a''b''$ 的平行线，即得辅助直线的水平投影和侧面投影。根据点 K 在辅助线上，求出 K 点的另两面投影。因为 SAB 棱面位于三棱锥的前右侧，水平投影可见，侧面投影不可见，故 k 可见，k'' 不可见，标记为（k''）。

4.1.2 曲面体表面上取点

1. 圆柱表面上点的投影

【例 4 - 3】 已知圆柱面上 K 点的正面投影 k'，试作 K 点的水平投影和侧面投影，如图 4 - 4（a）所示。

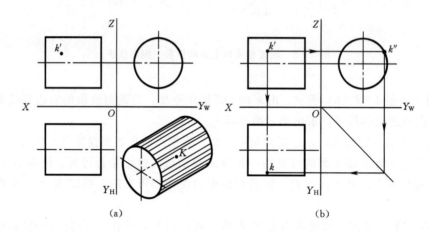

图 4 - 4 圆柱表面上点的投影（积聚性法）

分析 从图 4 - 4（a）中可知，整个圆柱面的侧面投影积聚在圆周上。因此，圆柱面上所有点的侧面投影都一定投影在圆周上，K 点的侧面投影必积聚在该圆周上。由图 4 - 4（a）可知，K 点位于圆柱面的前表面和上表面，故其水平投影 k 是可见的。

作图 如图 4 - 4（b）所示，由 k' 向 OZ 轴作垂线，与侧面投影右半圆周的交点为 k''。再根据点的投影规律求出 k。

2. 圆锥表面上点的投影

【例 4 - 4】 已知圆锥面上 K 点的水平投影 k，如图 4 - 5（a）所示，求 K 点的正面投影和侧面投影。

分析 在圆柱面上取点是用积聚性法。在圆锥面上取点能否用积聚性法呢？不能。因为圆锥面的三个投影都没有积聚性，所以不能用积聚性法。圆锥表面取点的方法有以下两种：

（1）素线法。由于圆锥面是由直母线绕轴线旋转而成，故可利用圆锥面上的直素线作为辅助线，如图 4 - 5（a）所示，过 K 点作辅助素线 SA，在三视图上求出辅助素线 SA 的三个投影，K 的投影一定在辅助素线的同面投影上。这种利用辅助线求点的方法称为素线法。

作图 首先在水平投影上过锥顶 s 和 k 点作出辅助素线 sa，A 点在底圆周上，所以 A 点的正面投影 a' 和侧面投影 a'' 都应在底边上，求出 SA 的正面投影和侧面投影后，用直线上取点法即可求出 K 的投影，见图 4 - 5（b）。

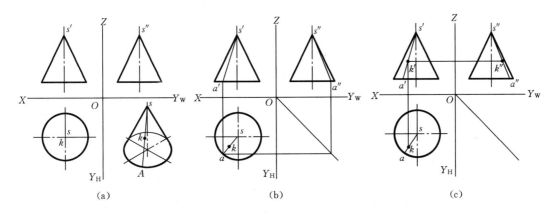

图 4-5 圆锥表面上点的投影（素线法）

求出投影后还应注意判别可见性。由于 K 点位于前半个圆锥面上，所以 K 点的正面投影可见。又由于 K 点位于左半个圆锥面上，所以 K 点的侧面投影可见，见图 4-5（c）。

（2）辅助圆法（纬圆法）。回转体表面都是由一母线绕一固定轴线旋转而成的。所以，母线上的任意一点在旋转时的轨迹为垂直于旋转轴的圆，并位于回转体表面上。如图 4-6 所示，SA 线上有一点 K，当 SA 绕 OO 轴旋转时，K 点的轨迹是一个圆。此圆垂直于 OO 轴，并在圆锥表面上。可以根据这一特点，求解回转体表面上点的投影。这种方法称为辅助圆法或纬圆法。

作图 过 k' 作一水平线，交两侧轮廓素线上，其长度为辅助圆的直径，在水平投影中以 s 为圆心，取辅助圆的半径画圆，此圆为辅助圆的水平投影，如图 4-7（b）所示。由 k' 作 OX 轴的垂线，与辅助圆的水平投影相交于 k（因为 k' 是可见的，所以 k 点位于前半个圆周上）。再根据投影规律求出 k''（因为 k' 在左边，所以 k'' 是可见的），如图 4-7（c）所示。

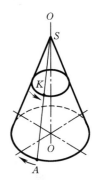

图 4-6 辅助圆

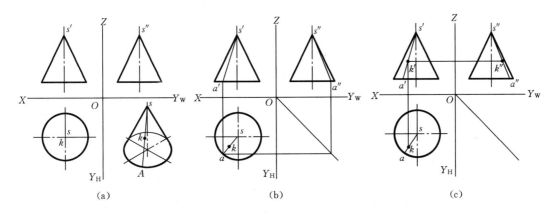

图 4-7 圆锥表面上点的投影（辅助圆法）

3. 圆球面上点的投影

【例 4-5】 已知圆球面上点 K 的正面投影 k'，求其水平投影和侧面投影。

分析 由于球的三个投影均无积聚性，所以在球面取点时，只能用辅助圆法求解（用球面上平行于投影面的圆作辅助线)。

作图 见图 4-8 (a)，过 k' 作一平行于水平面的辅助圆，正面投影为一条平行于 OX 轴的直线，先求出辅助圆的水平投影，k 的投影一定在辅助圆的圆周上（因为 k' 是可见的，所以 k 点位于前半个圆周上），根据其两面投影求得 (k'')（因为 k' 在右边，所以 k'' 是不可见的)。如图 4-8 (b) 所示，过 k' 作一平行于正面的辅助圆，求 K 点的其余两面投影的方法。请读者考虑一下，是否可以过 K 点作一个平行于侧立面的圆做辅助线呢？

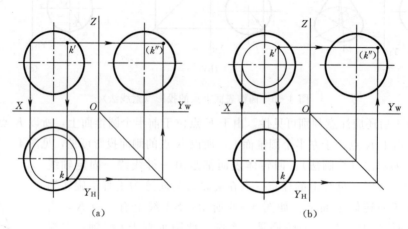

图 4-8 圆球表面上点的投影（辅助圆法）

4.2 平面与立体相交

平面与立体相交，也称平面截断立体，此平面称截平面，截平面与立体表面的交线称截交线，它是截平面与立体表面的共有线。截平面所围成的平面图形称截断面。

4.2.1 平面与平面立体相交

平面与平面立体相交，截交线是封闭的平面多边形，如图 4-9 所示。多边形的边数是截平面所截到的棱面数，多边形的边为平面体的棱面（含顶面和底面）与截平面的交线，多边形的各顶点是截平面与平面体的棱线（含顶面、底面的边）的交点。因此求平面与平面立体的截交线只要分别求出与截平面相交的棱线与截平面的交点即可。具体求截线的步骤如下：

(1) 分析。截交线形状及投影形状。

(2) 求点。利用截平面的积聚性求棱线与截平面的交点。

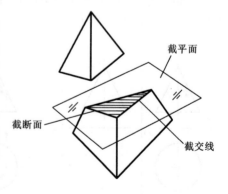

图 4-9 三棱锥的截交线

(3) 连线。按一定顺序连线并判别可见性。

【例 4-6】 画出截头三棱锥的截交线（见图 4-10）。

分析 从主视图可知，截平面与三个棱面相交，截交线为三角形。截平面垂直于 V

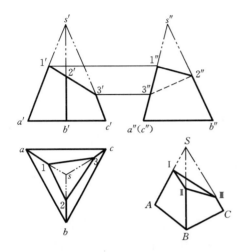

图 4-10 三棱锥的截交线的投影   图 4-11 平面与三棱柱相交

面，在主视图上，截交线的投影积聚成直线。在俯视图和左视图上，截交线的投影都应是截断面的类似形—— 三角形。

作图 求截交线各顶点。因为截平面的正面投影有积聚性，所以截平面与三条棱线交点的正面投影已知，即为三条棱线的正面投影与截平面积聚投影的交点。在正面投影上标出 $1'$、$2'$、$3'$ 的位置。按照点在棱线上，求出三个点的水平投影和侧面投影。

交点都求出后，接下来连线并判别可见性。连线顺序 Ⅰ—Ⅱ—Ⅲ—Ⅰ。俯视图上 1—2—3—1 全部可见，这时因为棱锥头部被截断，所以 SⅠ、SⅡ、SⅢ 不存在。左视图上，截断面不可见，SAB 可见，SBC 不可见，SCA 有积聚性；Ⅰ—Ⅱ 在 SAB 上，$1''2''$ 可见，Ⅰ—Ⅲ 在 SCA 上，$1''3''$ 与 $s''a''$ 重合，Ⅱ—Ⅲ 为 SBC 与截平面交线，$2''3''$ 不可见。又因为锥顶截断，$s''1''$ 及 $s''2''$ 不存在。

【例 4-7】 已知三棱柱被正垂面 P 所截，试作截交线的投影，如图4-11所示。

分析 从图 4-11 中可看出，三个棱面和顶面参与相交，截交线为四边形Ⅰ、Ⅱ、Ⅲ、Ⅳ。Ⅰ、Ⅱ点为截平面与棱线的交点，Ⅲ—Ⅳ为截平面与顶面的交线。

作图 在正面投影中定出 $1'$、$2'$、$3'$、$4'$ 点的投影，分别过各点作 OX 轴的垂线，与相应的棱线和边线相交得四个点的水平投影。再根据点的投影规律，求出点的侧面投影。按照同一面上的点才能相连的原则连接各点，并判别可见性。判断出 $1''2''$、$1''4''$ 可见，$2''3''$ 不可见。

【例 4-8】 已知四棱锥被水平面和正垂面挖切，试作截交线的投影，如图4-12所示。

分析 水平面截切四棱锥的棱面，得到四条水平截交线，Ⅰ—Ⅱ、Ⅱ—Ⅲ、Ⅳ—Ⅴ、Ⅰ—Ⅴ均平行于相应的锥底边；正垂面与四棱锥的棱线相交于Ⅵ、Ⅶ、Ⅷ三个交点；水平面与正垂面相交，

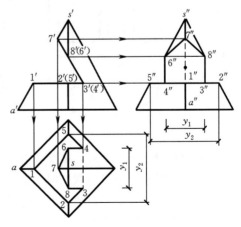

图 4-12 带缺口的四棱锥

它们的交线为正垂线Ⅲ—Ⅳ。

作图　由正面投影棱线 $s'a'$ 的 $1'$ 点，求得其水平投影 1，过该点分别作底边的平行线，得到 2、5 两点，再由 2、5 两点分别作底边平行线与正垂线相交得到 3、4 两点。由它们的正面投影和水平投影求出它们的侧面投影。

由正面投影的 $7'$、$8'$（$6'$）点，求得它们在棱线上的侧面投影和水平投影。值得注意的是 $3'8'$、$4'6'$ 平行于右侧棱线，在水平投影和侧面投影上也平行于该棱线。

连接同一棱面的各点得截交线，并判别可见性。注意擦去被切去的棱线；侧面投影上有标记处的棱线是不可见的。

4.2.2　平面与曲面立体相交

1. 截交线的形状

平面与曲面立体的截交线一般为封闭的平面曲线，特殊情况为直线（截平面过锥顶或柱素线时）。当曲面立体的底面参加相交时，截交线为由曲线和直线组成的平面图形。截交线是截平面与曲面立体表面的共有线。截交线上的任何点都是截平面与曲面立体表面的共有点。因此求截交线可归结为求截平面与曲面立体表面的若干个共有点。

（1）圆柱被平面截切时，截交线有三种形状，见表 4-1。

表 4-1　　　　　　　　　　　　　　圆柱面的截交线

截平面位置	平行于轴线	垂直于轴线	倾斜于轴线
截交线	两平行直线	圆	椭圆
立体图			
投影图			

（2）圆锥被平面截切时，截交线有五种形状，见表 4-2。

（3）球被任意方向平面截切时，截交线都是圆。其投影形状需根据截平面与投影面位置而定。截平面与球心的距离不同，圆的直径大小也不同。见图 4-13。

（4）当截平面与回转体轴线垂直时，则任何回转体的交线都是圆，此圆称为纬圆。如图 4-14 所示，环被垂直轴线的平面截切成两个同心素线圆。

表 4-2　　　　　　　　　　　　　　圆锥面的截交线

截平面位置	过锥顶	垂直于轴线	倾斜于轴线 $\theta < \alpha$	倾斜于轴线 $\theta = \alpha$	平行轴线或倾斜 $\theta = 90°$；$\theta > \alpha$
截交线	两直线	圆	椭圆	抛物线	双曲线
立体图					
投影图					

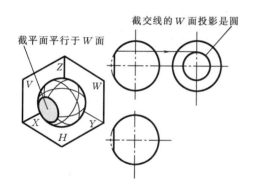

图 4-13　球被侧平面截切

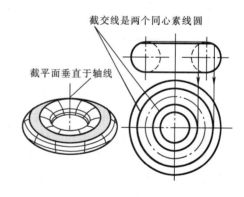

图 4-14　环被水平面截切

2. 求曲面立体截交线的方法

（1）分析截交线的形状及投影形状。截交线的形状取决于两个因素：

1）立体表面的性质，如是圆柱、圆锥还是圆球。

2）截平面与曲面立体的相对位置；截交线投影的形状取决于截平面与投影面的相对位置。当截交线投影为多边形时，先求出各顶点后连接之；当截交线投影为圆时，只需定圆心和半径即可作圆；当截交线投影为非圆曲线时，则需求出曲面与截平面的一系列共有点。

（2）求点。只讨论截平面为特殊位置的情况，既然是特殊位置，至少有一个截交线投影具有积聚性，从这一面或两面的投影出发，先取若干点，再根据在曲面立体表面上取点的方法，求得它们的其他投影。取点时，先取特殊点，再取一些中间点。

（3）连线。把求得的点按相邻顺序连接，连线时应注意曲线的光滑和利用图形的对称性，并判别其可见性。立体的可见部分，截交线是可见的；否则截交线不可见。

在求点时要先求特殊点，再求一般点。特殊点就是为了准确地表达截交线，应该首先求出确定截交线形状和范围的点。特殊点主要包括：

1）曲面外形轮廓线上的点。

2）曲面边界上的点，当圆柱、圆锥的底边参与相交时，应求出底边上的点。

3）反映截交线特征的点，如椭圆长、短轴的端点，双曲线、抛物线的顶点等。

4）极限位置点，如截交线的最高、最低、最前、最后、最左、最右点。

【例 4-9】 如图 4-15（a）所示，圆柱与正垂面 P 相交，求截交线。

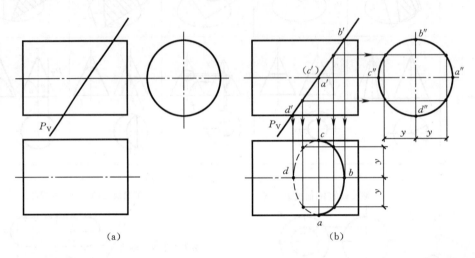

(a)　　　　　　　　　　(b)

图 4-15　平面倾斜于圆柱轴线时截交线的画法

分析　由平面 P 倾斜于圆柱轴线可知，截交线为椭圆。因截交线是截平面和圆柱面的共有线，而 P 面的正面投影和圆柱面的侧面投影有积聚性，故椭圆的 V 面投影积聚为一斜线，W 面投影与圆周重合，不需求解。本题只需求交线的 H 面投影（仍为椭圆）。

作图　作图过程见图 4-15（b）。先作出圆柱轮廓素线上的点 A、B、C、D 的水平投影 a、b、c、d，其中 ab、cd 分别为椭圆的长轴和短轴，再求四个中间点，注意椭圆是对称的。

当截平面与圆柱轴线倾斜成 45°时，上例中截交线在 H 面投影成圆。

【例 4-10】 完成图 4-16 所示带缺口圆柱的俯视图。

分析　圆柱上的缺口是被水平面、侧平面、正垂面截切形成的。因此，本题实质上是求平面与圆柱面截交线的问题。三个截平面的正面投影和圆柱面的侧面投影都有积聚性，故交线的 V、W 面投影都在积聚性线段上，需求的只是交线的 H 面投影。因水平截平面平行于圆柱轴线，故交线是两条直线；侧平截平面垂直于圆柱轴线，交线是一段圆弧；正垂截平面倾斜于圆柱轴线，交线是部分椭圆，其 H 面投影成类似图形。

作图　见图 4-16，侧平面所截的交线是圆弧，在水平投影上积聚为直线；水平面所截的交线在 H 面上为两条直线；正垂面所截交线在 H 面上投影为椭圆（找三个特殊点和四个一般点）。注意截平面之间的交线亦应画出。因为截交线位于圆柱面的上半部，所以其水平投影可见。

【例 4-11】 求作图 4-17（a）所示正垂面与圆锥的截交线。

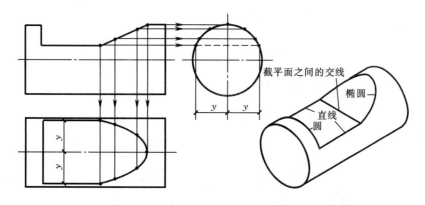

图 4 - 16 带缺口的圆柱

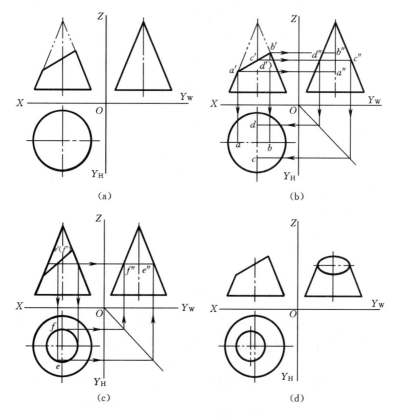

图 4 - 17 被截切的圆锥

分析　平面倾斜于圆锥轴线，截交线为椭圆。因截平面为正垂面，故截交线的正面投影积聚，水平投影和侧面投影均为椭圆，椭圆上各点可用圆锥面上取点的方法求出。

作图　首先直接求出圆锥外形轮廓素线上的点 A、B、C、D 的各个投影，c''、d'' 是截交线侧面投影可见与不可见的分界点。

椭圆的长轴为正平线 AB，短轴 EF 与长轴 AB 垂直平分，为过 AB 中点的正垂线。EF 正面投影 $e'f'$ 积聚在 $a'b'$ 的中点，水平投影可用辅助圆法或素线法求出。

再用素线法或辅助圆法求出几个中间点的水平投影及侧面投影，分别依次光滑连接，并区别可见性，见图 4 – 17（b）～图 4 – 17（d）。

【例 4 – 12】 求图 4 – 18（a）所示护坡与水闸翼墙表面的交线。

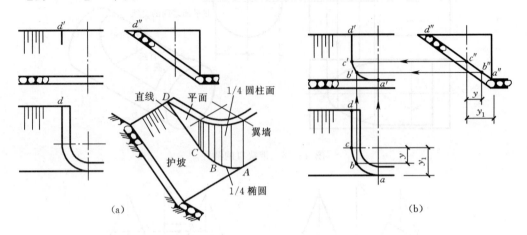

图 4 – 18 护坡与水闸翼墙表面的交线

(a) 已知；(b) 分析与作图

分析 从立体图可看出，护坡与翼墙平面段的交线 DC 是直线，与翼墙弯曲段（1/4 圆柱面）的交线 AC 是 1/4 椭圆，点 C 是椭圆与直线的分界点。

交线是护坡表面与翼墙表面的共有线。因护坡表面的 W 投影及翼墙表面的 H 面投影都有积聚性，故交线的 W 面投影及 H 面投影都可直接得到。另翼墙平面段的 V 面投影也有积聚性，所以本题只需求交线 AC 的 V 面投影。

作图 先求出 1/4 椭圆的两个端点 A、C 的投影 a'c'，然后求几个中间点如 B，最后将 a'b'c' 连成光滑曲线，具体作图见 4 – 18（b）。

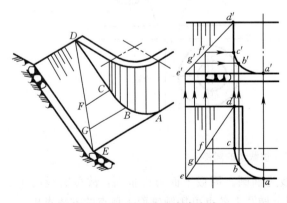

图 4 – 19 平面内取点求交线

讨论 如果本题没有给出侧面投影，可由交线是翼墙与护坡表面共有线且其水平投影积聚在圆弧上的性质，利用在平面内取点的方法求出 B、C 的正面投影。如图 4 – 19 所示，先在护坡面上任作一条辅助线（如 DE），再利用护坡面上的水平线 CF、BG 作辅助线求 c'和 b'。

【例 4 – 13】 求水闸进口处 1/4 圆锥台与斜面的交线，见图 4 – 20。

分析 因斜面倾斜于圆锥轴线，所以截交线是部分椭圆。斜面的正面投影有积聚性，故交线的正面投影可直接得到，只需求交线的水平投影。本例宜采用辅助圆法求出交线上的一系列点，然后连成光滑曲线。

作图 见图 4 – 20（c）。求两个特殊点 A 和 C 点（既是最低点和最高点，又是最左

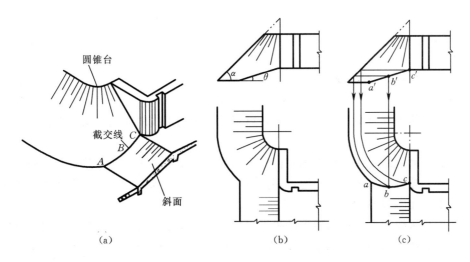

图 4-20　圆锥台与斜面的交线

点和最右点），再求一个一般点 B 点。B、C 两点的水平投影用辅助圆法在圆锥台表面求得。

【例 4-14】　　求半圆球被 P 和 Q 平面挖切后的投影。

分析　见图 4-21（a），该立体是在半个圆球的上部开出一个方槽形成的。因为所有截平面截切圆球的截交线在空间的形状都是圆，因此，侧平面 P 截切圆球面的截交线在侧面投影上的投影反映实形圆弧，见图 4-21（b）；水平面 Q 与圆球面的截交线，在水平投影上反映实形圆弧，为两段圆弧，见图 4-21（c）；两个截面彼此相交于直线段。

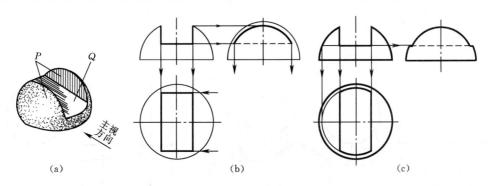

图 4-21 半圆球被挖切

（a）立体图；（b）完成平面 P 的投影；（c）完成平面 Q 的投影

作图　作图过程如图 4-21（b）和图 4-21（c）所示。注意在侧面投影上擦去被挖切掉的转向轮廓线。

4.3　两 立 体 相 交

两立体相交也称两立体相贯，立体表面的交线称为相贯线。相贯线的形状随立体表面的性质及两立体的相对位置而变化，一般是封闭的空间曲线，特殊情况下是平面曲线或直线。

相贯线的基本性质有两个，表面性和共有性。共有性是指相贯线是两个立体表面的共有线，相贯线上的点是两立体表面的共有点；表面性是指相贯线位于两立体的表面上。

4.3.1　求相贯线的一般步骤

1. 交线分析

当相交立体中有一个是平面立体时，就可以把求相贯线的问题作为平面与立体求截交线来解决。

若都是曲面立体，那么应根据它们的表面形状、相对大小、相对位置及它们与投影面的相对位置，分析是一般相贯问题，还是特殊相贯问题，确定相贯线的形状和投影性质。

2. 投影分析及交线求作

在分析相贯线的根数及需要求的投影以后，应看投影中有无积聚性可利用，然后选择适当的解题方法，利用面上取点或辅助平面法来求相贯线上的点（含特殊点和中间点），再依次连接各点并判别可见性。判别可见性的原则是：只有当相贯线同时位于两立体的可见表面上时，相贯线的投影才是可见的，否则，不可见。

3. 构形分析及检查补图

在求出交线以后，组合体形态已基本构成。此时应分析并将视图中因相交而不存在的原立体轮廓线擦除，将仍需保留的外形轮廓线加深，再检查补图即构成一个完整的组合体视图。

4.3.2　用面上取点法求相贯线

当相交立体之一的一个投影有积聚性时，相贯线的该面投影已知，其余投影可利用面上取点的方法求出。

【例 4 - 15】　求出图4 - 22（a）所示两圆柱表面的相贯线。

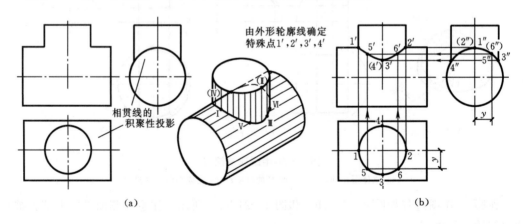

图 4 - 22　两圆柱表面的相贯线

分析　两圆柱直径不等且轴线垂直相交。小圆柱的所有素线都与大圆柱的上表面相交，相贯线为一条闭合的空间曲线。因小圆柱的 H 面投影和大圆柱的 W 面投影皆有积聚性，故相贯线的 H 面及 W 面投影分别积聚在小圆柱的 H 面投影（整圆）和大圆柱的 W 面投影（非整圆，仅两圆柱投影重叠部分）上。因此相贯线的两面投影已知，只需求出相

贯线的 V 面投影。从已知投影可看出，整个立体是前后、左右对称的，相贯线也一定是前后、左右对称的，其 V 面投影的不可见部分与可见部分重合。两圆柱的外形轮廓线相交（因在同一正平面内），见图中Ⅰ、Ⅱ两点。

作图 通过分析，相贯线的水平投影和侧面投影是已知的，只需求出正面投影。我们可以在已知的两投影上取一系列点，根据每个点的两个投影求出第三投影。求点时要先求特殊点。

首先求外形轮廓线上的点，在小圆柱水平投影上确定1、2、3、4点，1、2点是最高点和最左、最右点，3、4点是最低点，也是最前、最后点。先找出它们的侧面投影，然后，再找出其正面投影。

再求几个中间点。在水平投影上取对称的中间点5、6、7、8，找出他们的侧面投影，再根据水平投影和侧面投影求出正面投影。

连线时，由于相贯线前后对称，可见部分和不可见部分重合，所以连成粗实线。

注意，当轴线正交的两个半径不等的圆柱相贯时，相贯线总是向半径大的圆柱轴线凹进。当半径相等、轴线正交的两圆柱相贯时，相贯线是平面曲线——椭圆。如图 4-23 所示。

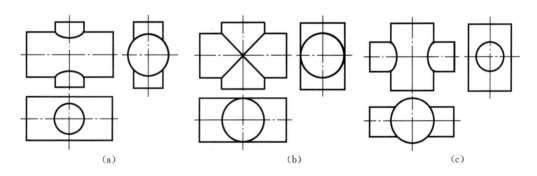

图 4-23 直径变化时相贯线弯曲趋势的变化
(a) 相贯线是上下各一条空间曲线；(b) 相贯线是两条平面曲线；
(c) 相贯线是左右各一条空间曲线

工程上有多种形式的两圆柱正交情况。如图 4-24（a）和图 4-24（b）所示的管接头（三通），其中图 4-24（a）表示了外表面的交线；图 4-24（b）表示了内表面的交线；图 4-24（c）所示为圆杆件上开了一个圆柱孔，杆件的上下表面各产生一根交线。这些交线实质上都是两圆柱正交的相贯线，所以求法都是一样的。

图 4-25 表示两廊道相交。两廊道顶部都是半圆柱面，其内外表面的交线也是两圆柱的相贯线。以点画线为分界，下部的交线为直线。

4.3.3 用辅助平面法求相贯线

辅助平面法的实质是三面共点原理。如图 4-26 所示，为求甲、乙两面交线，可作辅助平面 P 并分别求出它与甲面和乙面的截交线。这两条截交线的交点 K 就是甲、乙及 P 面的三个面的共有点，也必然是甲、乙两面交线上的点。

利用三面共点原理求两曲面体表面相贯线上的点的作图步骤如下：

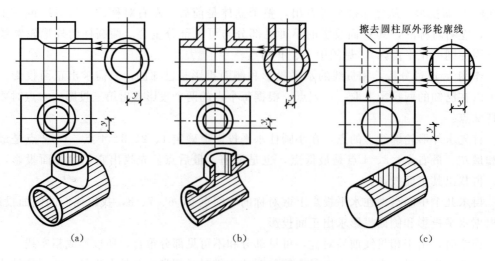

图 4-24　两圆柱正交的多种形式

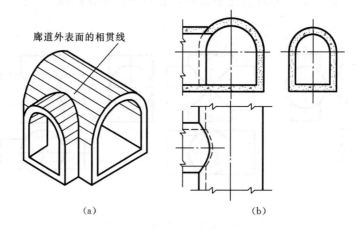

图 4-25　两廊道正交

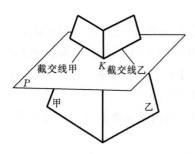

图 4-26　三面共点

（1）选择适合的辅助平面（通常采用特殊位置平面），先画出辅助平面有积聚性的投影。

（2）分别求出辅助平面与两曲面立体的两组截交线投影。

（3）两组截交线的交点即为两曲面相贯线上的点。

这样，作一系列辅助平面就可求出一系列相贯线上的点。

为使作图简便、准确，应选择适合的辅助平面，其原则是：辅助平面与两立体截交线的投影是直线或圆。

对于柱面可用平行于素线的辅助平面；锥面可用过锥顶的辅助平面；回转面可用垂直于轴线的辅助平面。

【例 4-16】　求作图4-27所示圆柱与圆锥的相贯线。

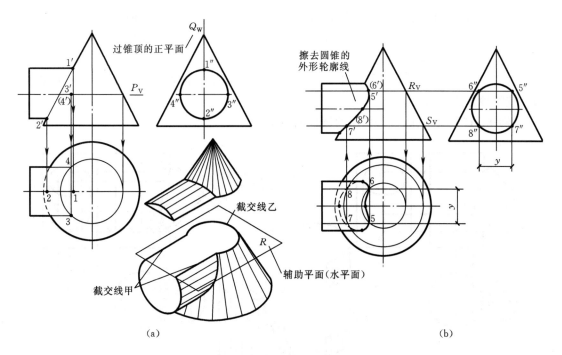

图 4-27 圆柱与圆锥的相贯线（作法一）

（a）用辅助面 P、Q 求特殊点；（b）用水平面辅助面 R、S 求中间点

分析 圆锥与圆柱轴线正交，圆柱所有素线都与圆锥左侧表面相交，相贯线是一条闭合的空间曲线。由于圆柱和圆锥具有共同的前后对称平面，所以相贯线是前后对称的。由于圆柱面的侧面投影有积聚性，所以相贯线的侧面投影已知。需要求的是相贯线的水平投影和正面投影。

辅助平面有水平面、过锥顶的侧垂面。图 4-27 采用水平面作为辅助平面。假想用一个辅助水平面将两立体切开，辅助平面与圆柱有一条截交线，与圆锥也产生一条截交

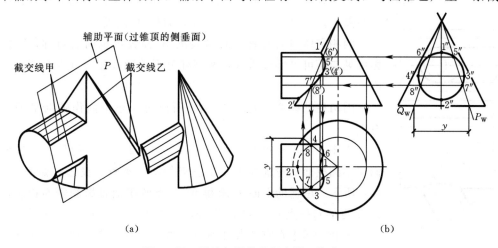

图 4-28 圆柱与圆锥的相交线（作法二）

（a）过锥顶的侧垂辅助面；（b）用过锥顶的面 P、Q 求中间点

线，这两个截交线的交点既在圆柱面上，又在圆锥面上，是两立体表面的共有点，即相贯线上的点。我们可以做若干个辅助平面，求出若干个共有点，依次连接，即为相贯线。作图过程见图 4-27（a）和图 4-27（b）。

讨论　图 4-28 为本题辅助平面的另一种作法，用过锥顶的侧垂面作为辅助平面。请比较哪种作法更简便。

【例 4-17】　求作 4-29 所示两圆柱的相贯线。

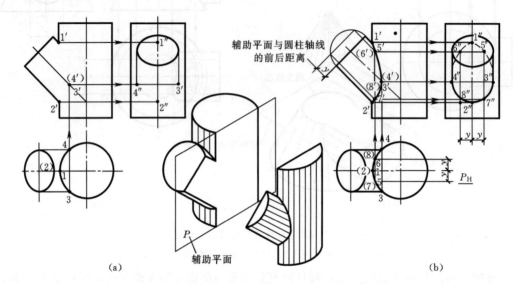

图 4-29　斜交两圆柱的相贯线
(a) 由已知投影先求特殊点；(b) 用辅助平面求中间点并补全图形

分析　大小圆柱轴线斜交且均平行于 V 面，小圆柱的全部素线皆与大圆柱左侧表面相交，相贯线为一条闭合的空间曲线。

大圆柱的 H 面投影有积聚性，故相贯线的投影积聚在两圆柱投影重叠的大圆柱的一段圆弧上。本例只需求相贯线的 V 面和 W 面投影。

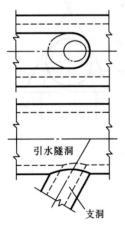

图 4-30　隧洞与
支洞斜交

两相贯体前后对称，相贯线的 W 面投影也前后对称，V 面投影可见与不可见部分重合，两圆柱外形轮廓线相交（因在同一平面内）。

因两柱轴线均平行于 V 面，所以可用正平面作辅助平面求共有点。

作图　在水平投影上标出特殊点 1、2、3、4 的位置，按照它们在小圆柱面的轮廓线上求出它们的正面和侧面投影，如图 4-29（a）所示。用辅助平面 P 求得 5、7 点的正面投影和侧面投影，和 5、7 点的对称点 6、8 点的投影，见图 4-29（b）。

水利工程上常有两圆柱斜交的情况，且轴线一般平行于 H 面。图 4-30 表示水电站引水隧洞与支洞相交，其内外表面的相贯线都是两柱斜交形成的。

4.3.4 相贯线的特殊情况

两曲面立体的相贯线一般是闭合的空间曲线,特殊情况为直线、圆或其他平面曲线。常见的有以下几种:

(1) 两柱轴线平行或两锥共顶时,相贯线是两条直线,见图 4-31。

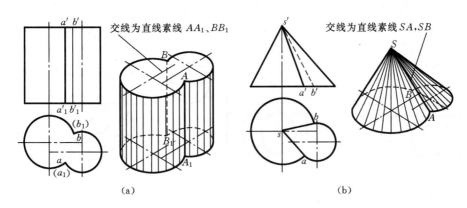

(a)   (b)

图 4-31 相贯线是直线

(a) 两圆柱轴线平行;(b) 两圆锥共顶

(2) 两回转体共轴线时,相贯线是垂直于轴线的圆,见图 4-32。

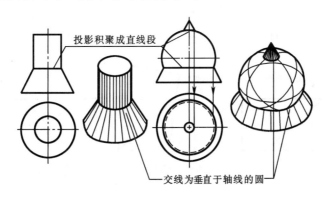

图 4-32 同轴回转体的相贯线是圆

(3) 当两回转体轴线相交,且外切于同一个球时,相贯线是平面曲线(常为两个相交的椭圆),见图 4-33。

当这两个立体的轴线平行于同一投影面时,平面曲线所在的平面垂直于此投影面,相贯线在该面的投影积聚成直线段,其余投影是类似图形。如图 4-33 所示,两立体轴线都平行于 V 面,所以相贯线(椭圆)的 V 面投影都积聚成直线段。

此类情况最常见的是两圆柱(或圆柱孔)直径相同、轴线相交,这时必能公切于一个球,相贯线是两个椭圆:轴线正交时,两椭圆大小相同;轴线斜交时,两椭圆短轴相同、长轴不等,见图 4-33 (a) 和图 4-33 (b)。该特殊情况可这样理解:如图 4-34 (a) 所示,将一个圆柱斜截成甲、乙两段,两段上的截交线是完全相等的椭圆。如果把乙段换位使两个椭圆完全吻合,如图 4-34 (b) 所示,这时椭圆就成了甲、乙两圆柱的相贯线了。

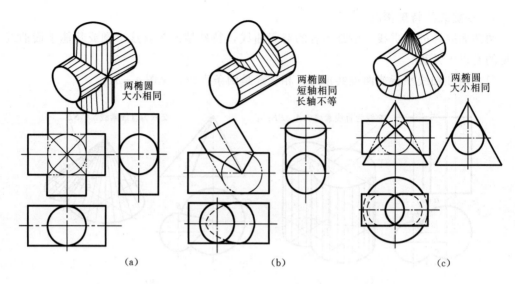

图 4-33 两回转体外切于同一球时的相贯线是平面曲线

(a) 两柱轴线正交；(b) 两柱轴线斜交；(c) 锥与柱轴线正交

如果再分别延长这两段，如图 4-34 (c) 所示，相贯线则为两个椭圆，当截角 $\alpha \neq 45°$ 时，轴线斜交，两椭圆大小不等。

有关特殊相贯的实例，水利工程中常可遇见。图 4-35 所示是引水管道叉管的一种情况，两段锥管和主管（圆柱管）外切于一个球，它们的相贯线是由三段部分椭圆组成的。

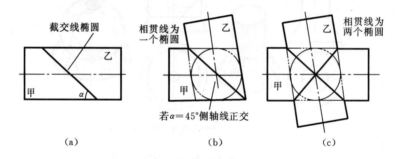

图 4-34 特殊相贯线的产生

(a) 斜截成甲、乙两段；(b) 将乙段换位；(c) 将两段分别延长

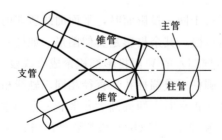

图 4-35 特殊相贯的实例

第5章 轴测投影

工程上应用最广泛的图样，是物体在相互垂直的两个或两个以上的投影面上的多面视图。但是，在多面视图的一个投影中，常常不能同时反映出物体长、宽、高三个方向的尺度，缺乏立体感，要应用正投影原理对照几个投影，才能想象出物体的形状。

轴测图是物体在平行投影下形成的一种单面投影图。它能同时反映出物体的长、宽、高三个方向的尺度，尽管物体的表面形状有所改变，但比多面投影图形象生动，富有立体感，可作为帮助读图、构思的辅助性图样。

5.1 轴测投影的基本知识

5.1.1 轴测投影图概述

图 5-1（a）是某物体的轴测投影图，不像以前学的多面视图要用两个、三个投影图来表达物体，它只用一个图样来表达物体，一看便知是什么形状的物体。但轴测图作图较复杂，而且一般不反映表面实形。在工程上常用作辅助图样，比如帮助设计构思、帮助读图、外观设计等。

如图 5-1 所示，我们来比较一下多面视图和轴测投影图，为什么多面视图没有立体感呢？因为我们在作图的时候，为使图形反映实形，总是把物体长、宽、高三个方向中的某一个方向与投射线平行，因此一个视图只反映物体两个方向的向度，所以没有立体感。而轴测投影图同时反映物体三个方向的向度（三个方向表面的形状），因此有立体感。

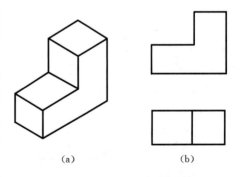

图 5-1 轴测图与视图比较
（a）轴测投影图；（b）视图

可得出结论：要得到立体感较强的图形，那么这个图形就应该同时反映物体三个方向的向度。由这个结论就很容易得出形成轴测投影图的方法。轴测投影图是用平行投影法在一个投影面上所得到的能够同时反映物体长、宽、高三个尺度的投影。

轴测投影分为两种形式：正轴测投影和斜轴测投影。

如果用正轴测投影来表达物体，就不能让物体主要平面平行于投影面，而应将物体倾斜放置，即三个坐标轴都倾斜于投影面。见图 5-2（a）。

如果仍让物体主要平面平行于投影面，那么就要用斜轴测投影。这两种形式都能保证一个投影图反映出物体三个方向表面的形状。见图 5-2（b）。

5.1.2 轴测投影图的基本知识

1. 轴间角

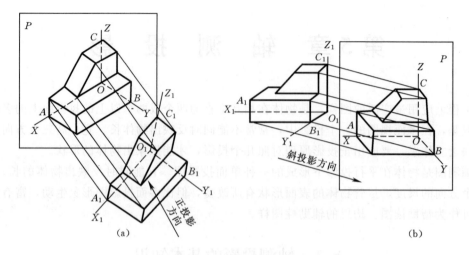

图 5-2 轴测图的形成

(a) 正等测; (b) 斜二测

为便于作轴测图,在物体上建立直角坐标系 O_1X_1、O_1Y_1、O_1Z_1,将物体连同坐标系一起向投影面作平行投影。注意:投射方向不应与任何坐标轴平行。承受轴测投影的平面称为轴测投影面;物体上的三个坐标轴在轴测投影面上的投影称为轴测轴;轴测轴之间的夹角 $\angle XOY$、$\angle XOZ$、$\angle YOZ$ 称为轴间角。

2. 轴向变形系数

由于物体上三个坐标轴对轴测投影面倾角的不同,所以在轴测图上各条轴线长度的变化程度也不相同,坐标轴在轴测图上的变化率称为轴向变形系数。X、Y、Z 轴向变形系数分别用 p、q、r 表示。设线段 u 为直角坐标系各轴的单位长度,i、j、k 是它们在轴测投影面上的投影长度,则:

$i/u=p$ 为 X 轴的轴向变形系数;

$j/u=q$ 为 Y 轴的轴向变形系数;

$k/u=r$ 为 Z 轴的轴向变形系数。

3. 轴测图的投影特性

(1) 平行性。物体上互相平行的直线在轴测投影图上仍然平行。物体上平行坐标轴的线段,在轴测图中平行相应的轴测轴。平行轴测轴的线段叫轴向线段。

(2) 真实性。物体上平行于轴测投影面的平面,在轴测图中反映实形。

(3) 定比性。物体上平行线段,在轴测图中具有相同的轴向变形系数。

由于轴测图是用平行投影法得到的,所以它具有平行投影的投影特性;根据定比性,物体上凡与坐标轴平行的线段,都具有相同的轴向变形系数。轴测图的投影特性是作轴测图的重要理论依据。

4. 轴测投影的分类

根据投射方向与投影面的相对位置,轴测图可分为两类:

(1) 正轴测投影。投射方向垂直于轴测投影面,物体的三个主要表面倾斜于该投影面，如图 5-2 (a) 所示。

(2) 斜轴测投影。投射方向倾斜于轴测投影面，并与物体的表面倾斜，如图 5-2 (b) 所示。

由此可见：正轴测投影是由正投影得到的，而斜轴测投影则是由斜投影得到的。

在上述两类轴测图中，由于物体相对于轴测投影面的位置及投射方向不同，轴向变形系数也不同，所以每类又可分为三种：

$p=q=r$，称为正等轴测图或斜等轴测图，可简称为正等测或斜等测。

$p=q\neq r$ 或 $p\neq q=r$ 或 $p=r\neq q$，称为正二轴测图或斜二轴测图，可简称正二测或斜二测。

$p\neq q\neq r$，称为正三轴测图或斜三轴测图，可简称正三测或斜三测。

工程上最常采用的是正等测和斜二测投影。因为这两种轴测图立体感好，且便于绘制。我们也只要求掌握这两种轴测图的画法。

5.2 轴测图的画法

5.2.1 平面体正等轴测图

1. 正等轴测图的轴间角和轴向变形系数

在正轴测投影中，由于空间的三个坐标轴都倾斜于轴测投影面，所以三个轴向直线的投影都缩短，即 p、q、r 都小于 1。随着坐标轴与轴测投影面的倾斜角度的不同，轴间角和轴向变形系数都会改变。正等测投影是使三个坐标轴与轴测投影面的倾角相等，这时的轴向变形系数 $p=q=r=0.82$，轴间角 $\angle XOY=\angle XOZ=\angle YOZ=120°$。$Z$ 轴画成垂直位置，X 轴和 Y 轴均与水平线成 $30°$，见图 5-3。

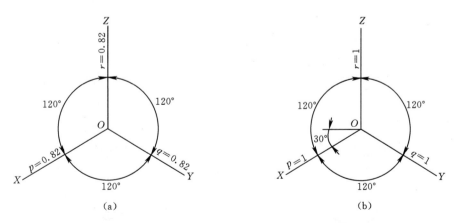

(a)　　　　　　　　(b)

图 5-3　正等测图轴测轴、轴间角和轴向变形系数

(a) $\angle XOY=\angle YOZ=\angle ZOX=120°$；(b) $p=q=r=1$

为便于作图，通常使 $p=q=r=1$，用这种简化的轴向变形系数画出的图形将比实际物体放大 $1/0.82=1.22$ 倍，如图 5-4 所示。

2. 平面体正等测图的画法

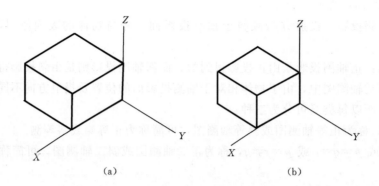

图 5 - 4 不同变形系数正等测
(a) $p=q=r=1$；(b) $p=q=r=0.82$

画轴测图常用的方法有坐标法、特征面法、叠加法和切割法等。其中坐标法是最基本的方法，其他方法都是根据物体的特点对坐标法的灵活运用。

（1）坐标法。即先建立坐标系，将平面立体各顶点按坐标画出其轴测投影，然后相关的点连线即可。

【例 5 - 1】 如图 5 - 5（a）视图所示，用坐标法画四棱台的正等测图。

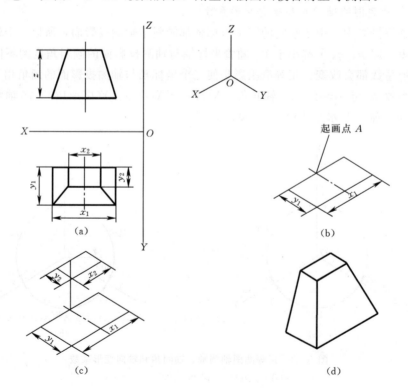

图 5 - 5 四棱台的正等轴测图
（a）视图；（b）画下底面四线段；（c）画上底面四棱点；（d）连侧棱并检查加深

四棱台的上、下两个底面是由八个坐标点连接而成，上、下底面各边分别与 X、Y 轴平行。先参照轴测轴，以 A 为起画点，画出下底面的四线段，如图 5-5（b）所示；再沿下底面中心线的交点 A 向上平行于 Z 轴作距上底面的高度，作出上底面，如图 5-5（c）所示。所以画半四棱台的正等测，可沿这些轴线方向量取线段，确定八个顶点，最后依次连接可见侧棱，加深图线，完成作图，如图 5-5（d）所示。

（2）特征面法。特征面法实用于柱类形体的轴测图。先画出能反映柱体形状特征的一个可见底面，再画出可见的侧棱，然后画出另一底面的可见轮廓，这种得到物体轴测图的方法称为特征面法。

【例 5-2】 如图 5-6（a）所示，用特征面法画八边形柱体的正等测图。

该形体是直棱柱体，主视图是特征视图，底面是正平面。本题选前底面上 A 点为起画点，先画出前底面，再画可见棱线，然后画出后底面，完成作图。

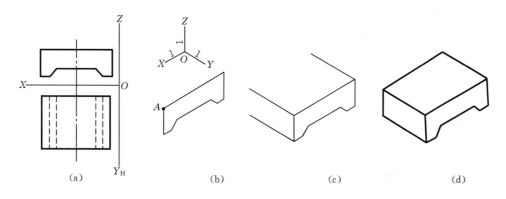

(a)　　　　　　(b)　　　　　　(c)　　　　　　(d)

图 5-6　特征面为正平面的倒凹形柱的正等测

（a）视图；（b）画参照轴测轴；（c）画可见棱线；（d）画后底面并完成特征面轴测图

【例 5-3】 如图 5-7（a）所示，用特征面法画底面为侧平面的柱类形体的正等测图。

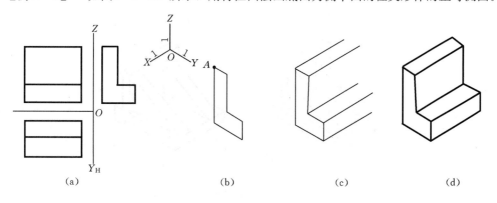

(a)　　　　　　(b)　　　　　　(c)　　　　　　(d)

图 5-7　特征面为侧平面的 L 形柱的正等测

（a）视图；（b）画参照轴测轴；（c）画可见棱线；（d）画右底面并完成特征面轴测图

【例 5-4】 如图 5-8（a）所示，用特征面法画底面为水平面的柱类形体的正等测图。

（3）叠加法。画叠加形体时，从主到次逐个画出各基本体的轴测图，这种完成物体轴测图的方法称为叠加法。叠加时一定要注意基本体之间的定位。

【例 5-5】 如图 5-9（a）视图所示，画挡土墙的正等测图。

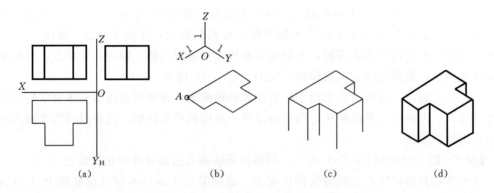

图 5-8 特征面为水平面的 T 字形柱的正等测

(a) 视图；(b) 画参照轴测轴；(c) 画可见棱线；(d) 画下底面并完成特征面轴测图

挡土墙可看成由一个直十棱柱和两个三棱柱组合而成。应先画出主体直十棱柱，再按三棱柱的位置逐一将两个三棱柱画出，完成作图。

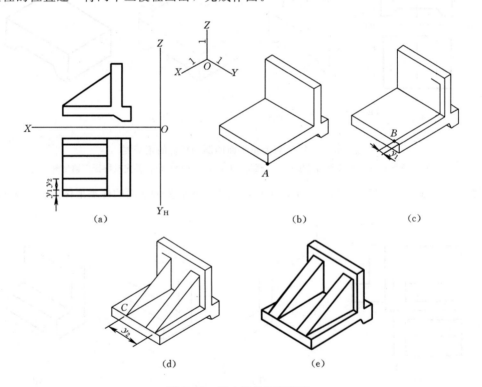

图 5-9 挡土墙的正等测图

(a) 视图；(b) 画参照轴测轴后以 A 为起画点并用特征面法画直十棱柱；

(c) 准确定位，以 B 为起画点并用特征面法画前方三棱柱；

(d) 准确定位，以 C 为起画点并用特征面法画后方三棱柱；

(e) 擦去被遮住的图线并检查加深完成作图

（4）切割法。对于能从基本体切割而成的简单形体，可先画出基本体，然后进行切割，得出该形体的轴测图。这种方法称为切割法。切割时一定要注意切割位置的确定。

【例5-6】 如图5-10（a）所示，画物体的正等测图。

该物体的原体可看成是一个横放的五棱柱，在中上方切一梯形槽。先画出原体五棱柱，再按槽的位置通过切割画出槽，注意槽的底面与顶面之距应平行于 Z 轴方向进行度量，如图5-10（c）所示，完成作图。

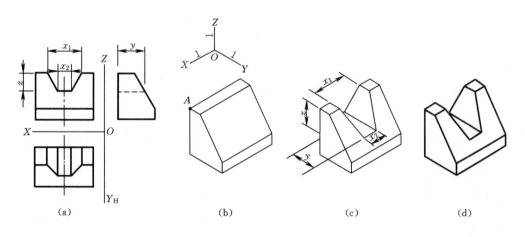

(a)   (b)   (c)   (d)

图 5-10 切割体正等测图

(a) 视图；(b) 画参照轴测轴后画出原直五棱柱体；(c) 按尺寸定位画梯形槽；
(d) 擦去多余图线并检查加深

5.2.2 平面体斜二轴测图

1. 斜二测投影的轴间角和轴向变形系数

斜轴测投影的投射方向倾斜于轴测投影面。随着投射方向的改变，可以形成任意的轴间角和轴向变形系数。为了作图方便，通常使一个坐标面与轴测投影面平行或重合。那么，这个坐标面的轴测投影反映实形，这个坐标面上的两个坐标轴之间的夹角仍为 $90°$，Y 轴的位置和轴向变形系数由投射方向所决定。可以任意选取轴间角和轴向变形系数。注意，在斜轴测投影中用得最多的是斜二测。

在斜二测投影中，将物体上的 $X_1O_1Z_1$ 坐标面与轴测投影面平行或重合，这时轴间角 $\angle XOZ = \angle X_1O_1Z_1 = 90°$，$X$ 轴向变形系数和 Z 轴向变形系数等于1，即 $p=r=1$。Y 轴与水平方向成 $45°$。如图5-10所示。

2. 平面体斜二测图的画法

斜二测图与正等测图只是轴间角和轴向变形系数不同，画法与正等测图的画图方法是基本相同的，画正等轴测图时用到的几种画图方法，如坐标法、特征面法、叠加法和切割法在画斜二测图时也可用。所不同的是，画斜轴测图时，常将物体上的特征面平行于轴测投影面，使这个面的投影反映实形。因此在画图顺序上，一般先画出反映实形的可见面，然后自前向

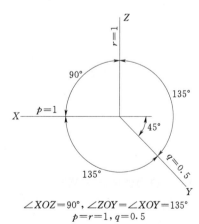

$\angle XOZ = 90°,\ \angle ZOY = \angle XOY = 135°$
$p=r=1,\ q=0.5$

图 5-11 斜二测投影的轴测轴、
轴间角和轴向变形系数

后，由小到大。顺序画出整个物体。

【例 5 - 7】 如图 5 - 12（a）所示，画挡土墙的斜二测图。

分析 这个挡土墙可分为底板、直墙和支撑板三部分。直墙和底板可以看成"⊥"形柱，支撑板是三棱柱。因为正面是特征面，所以使正面平行于轴测投影面。作图步骤如下：

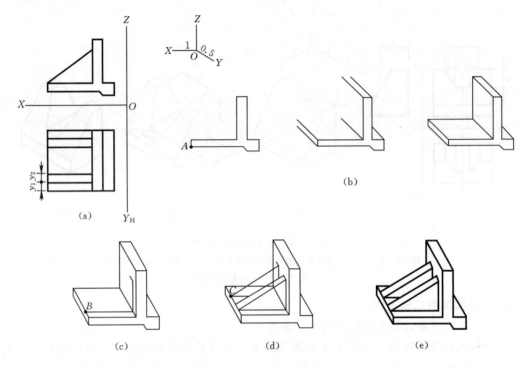

图 5 - 12 挡土墙的斜二测图

图 5 - 12（b）所示，首先画参照轴测轴；然后以 A 点为起画点，再用特征面法画直十棱柱。

图 5 - 12（c）所示，以 B 点为起画点，用特征面法画前方三棱柱；然后以 C 点为起画点，用特征面法画后方三棱柱，见图 5 - 12（d）；最后擦去被遮住的图线并检查加深完成作图，见图 5 - 12（e）。

如果改变投射方向，就不能将支撑板表达清楚。因此我们在画轴测图前，应先根据物体的形状特点，确定恰当的投射方向，安排轴测轴。

5.3 曲面体轴测图的画法

5.3.1 曲面体的正等测图

要想绘制曲面体如圆柱、圆锥的正等测图，就必须首先掌握圆的正等测图的画法。曲面体上的圆一般都平行于坐标面，所以我们只讨论平行于坐标面的圆的正等测图的画法。

1. 平行于坐标面的圆的正等测图的画法

由于正等测投影的三个坐标轴都与投影面倾斜，且倾角都相等，所以三个坐标面也都与轴测投影面成相同角度倾斜。平行于这三个坐标面的圆，其投影是类似图形——椭圆。当平行于三个坐标面的圆直径相等时，它们的投影是三个同样大小的椭圆。如图 5-13 所示。要特别注意这三个椭圆的长短轴方向。

平行于坐标面的圆在正等测图中椭圆的长短轴方向：

（1）平行于水平面的圆，椭圆长轴垂直于 Z 轴，短轴平行于 Z 轴。

（2）平行于正平面的圆，椭圆长轴垂直于 Y 轴，短轴平行于 Y 轴。

（3）平行于侧平面的圆，椭圆长轴垂直于 X 轴，短轴平行于 X 轴。

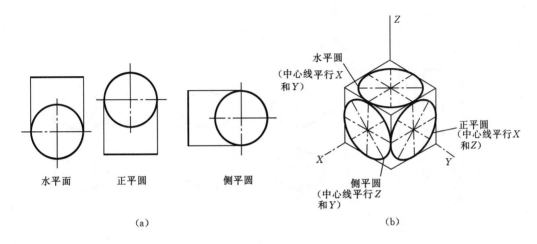

图 5-13　平行坐标面的圆的正等测

（a）投影图；（b）正等测图

由上可知，在正等测投影中，平行于坐标面的圆将变为椭圆。又因为椭圆的长短轴方向在正等测投影中，所以常采用四圆心法近似画出椭圆。

以水平圆为例来说明它的轴测投影的画法：以圆的中心为起画点，先画中心线，然后根据圆的半径定出一对共轭直径的端点 A、B、C、D，过此四个点画圆的外切正方形，即四条切线（菱形）的正等测。A、B、C、D 为椭圆与菱形各边的切点，如图 5-14（b）所示。过切点作切线的垂线得四个交点 1、2、3、4，即为四段圆弧的圆心，如图5-14（c)所示。分

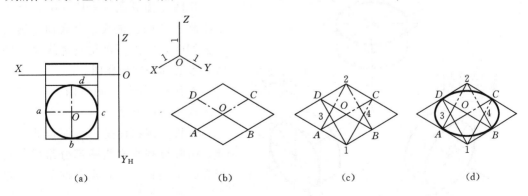

图 5-14　水平圆正等测的画法

（a）视图；（b）画圆的外切正方形；（c）求四段圆弧的圆心；（d）画出四段圆弧

别以 1、2 为圆心，1B 为半径，画 BC 和 AD 圆弧，再分别以 3、4 为圆心，3A 为半径画 AB 和 CD 圆弧，完成作图，如图 5-14（d）所示。

2. 曲面体的正等测图

常见的曲面体有圆柱、圆锥、圆台，它们的正等测图是先画出底面圆，再作出底面圆的切线表示曲面体。

【例 5-8】 如图 5-15 是圆柱的正等测图的作图步骤。

图 5-15（b）所示，首先依次画上底面、轴线、下底面，然后作公切线，擦去不可见轮廓线及辅助线，最后加深完成作图。

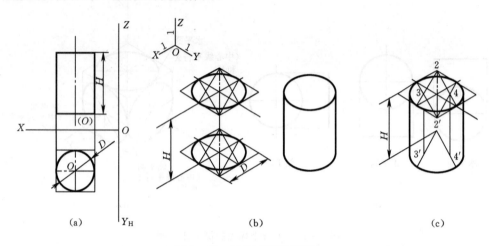

图 5-15 圆柱正等测的画法

为了减化作图，可利用移心法，即将上底圆四段圆弧的圆心 1、2、3、4 往下平移圆柱的高度得下底面四段圆弧的圆心 1′、2′、3′、4′，然后以相同半径作出下底面可见的三段圆弧，最后作出公切线见图 5-15（c）。

图 5-16 所示是平行坐标面的圆柱的正等测。

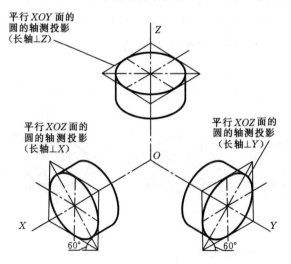

图 5-16 平行坐标面的圆柱的正等测

【例 5-9】 画出图 5-17（a）所示圆台的正等测。

作图步骤见图 5-17（b），首先依次画下底面、轴线、上底面，然后作公切线，擦去不可见轮廓线及辅助线，最后加深完成作图。

【例 5-10】 画出图 5-18（a）所示物体的正等测。

分析 该物体是一个综合类组合体，由底板和直立板两部分组成，底板有两个圆角，直立板上挖了一个圆通孔，画该物体的正等测应综合运用上述方法。具体作图步骤如下：

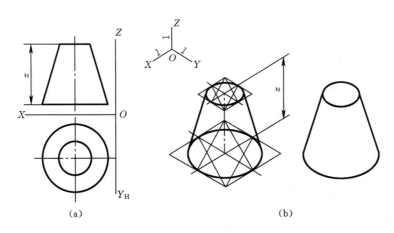

图 5-17 圆台正等测的画法

　　如图 5-18（b）所示，先画长方体；然后画圆角，由 R 定上底面圆角的切点；过切点作垂线定圆心；移心法定下底面的圆心及切点；画圆弧；最后画公切线；图 5-18（c）为准确定位画立板；图 5-18（d）为画立板上圆孔；图 5-18（e）为擦去各种辅助线，检查加深完成作图。

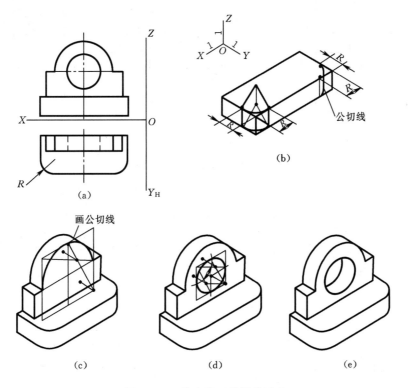

图 5-18 综合体正等测的画法

5.3.2 曲面体的斜二测

1. 平行坐标面的圆的斜二测的画法

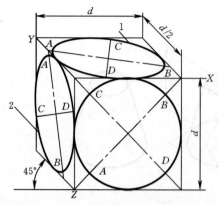

图 5-19 平行坐标面的圆的斜二测的画法

由于斜二测的 *XOZ* 坐标面平行轴测投影面，所以正平圆的斜二测反映实形，可直接画出。水平圆及侧平圆的斜二测为椭圆，可运用坐标法画出，如图 5-19 所示。

2. 曲面体的斜二测图

【例 5-11】 画出图 5-20 (a) 所示物体的斜二测。

作图步骤如下：首先画参照轴测轴，画底板轴测轴，见图 5-20 (b)；然后用特征面法画组合柱，见图 5-20 (c)；最后检查加深，完成作图，见图 5-20 (d)。

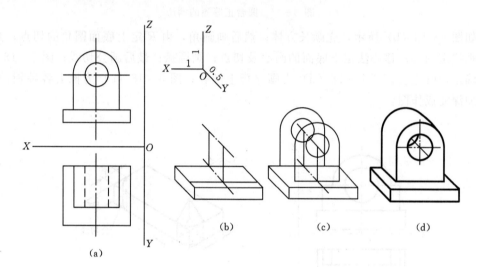

图 5-20 曲面体斜二测的画法

第6章 组 合 体

工程结构的形状一般都较为复杂,将那些由较多的基本体按一定方式组合而成的形体称为组合体。本章介绍组合体视图的画法、尺寸标注和读图方法。

6.1 组合体视图的画法

由于组合体的形状、结构较为复杂,在画图、尺寸标注和读图时,主要应采用形体分析法,辅助使用线面分析法等方法进行。

实际上,一般的形体都可以看成是由基本形体,如棱柱、棱锥、圆柱、圆锥等经切割或叠加组合而成的。因此,在解决组合体的画图、尺寸标注和读图问题时,可将复杂的组合体假想分解成一些简单的基本体,分析各基本体的形状、相对位置、组合形式以及表面连接关系,这种把复杂形体分解成若干基本形体的分析方法,称为形体分析法。这样一来将解决组合体的画图、尺寸标注和读图问题转化成解决各个简单基本体的相应问题,组合体就可以化繁为简、化难为易了。

1. 组合体的组合形式

组合体的组合形式通常有三种:叠加式、切割式和既有叠加又有切割的综合式。

(1)叠加式。图6-1(a)所示为扶壁式挡土墙,为叠加式组合体。运用形体分析法可将其分解成如图6-1(b)所示四部分:底板、直墙、扶壁和贴角(注:按底板、直墙、扶壁和贴角顺序依次叙述)。底板是长方体,位于形体的底部;直墙也是长方体,位于底板的右上部;扶壁为五棱柱,位于底板的上部,直墙的左部;贴角为三棱柱,位于直墙的右下角。这个组合体是通过基本体的叠加形成的,因此称为叠加式组合体。

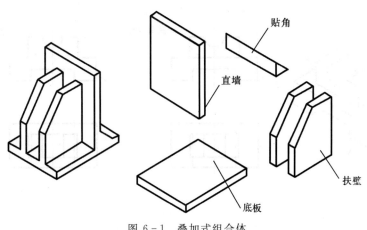

图6-1 叠加式组合体

（2）切割式。还有一类组合体可设想为基本几何体经过若干次切割而形成的，图 6 - 2 中所示的形体可看成是长方体用侧垂面和侧平面切去一个三棱柱，再用水平面、侧平面和正平面切下一个三棱柱而形成的。这种可看成是基本几何体经过若干次切割而成的组合体，称为切割式组合体。

（3）综合式。既有叠加又有切割所形成的组合体（见图 6 - 3）。

2. 组合体各部分间的表面连接关系及投影特点

组合体各部分之间表面连接关系有：不平齐、平齐、相切和相交四种形式。

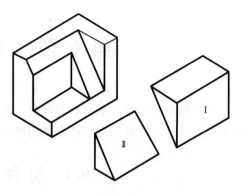

图 6 - 2 切割式组合体

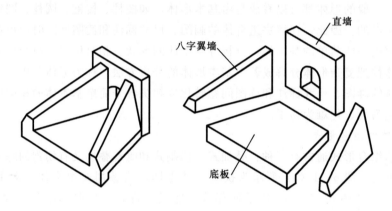

图 6 - 3 综合式组合体

（1）不平齐。当两个形体的两个表面不平齐，两形体之间存在分界线，画视图时，该处应画出分界线。图 6 - 4（a）中形体Ⅰ和形体Ⅱ前后表面均不平齐，图 6 - 4（b）中的主视图中应画出两形体的分界线，而图 6 - 4（c）的主视图中就漏画了分界线。

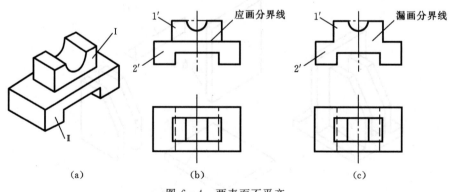

图 6 - 4 两表面不平齐

（a）形体分析；（b）正确画法；（c）错误画法

(2) 平齐。当两个形体的两个表面平齐时，平齐无界线，画视图时，该处不应再画出分界线。图 6-5（a）的形体 I 和形体 II 前后表面均平齐，即形成共面（接缝无界线），图 6-5（b）中的主视图中不应画出两形体的分界线，而图 6-4（c）的主视图中就多画了分界线。

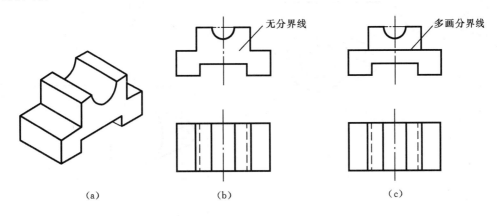

图 6-5 两表面平齐

(a) 形体分析；(b) 正确画法；(c) 错误画法

(3) 相切。两形体表面相切是指形体两部分间有平面与曲面或曲面与曲面的光滑过渡。当两形体表面相切时，相切处无界线。画视图时，该处不该有线，但应特别注意切点在各视图中的位置。如图 6-6（a）所示物体，可以看成有圆筒和圆头组合柱两部分叠加而成，其前、后表面连接关系是相切，即组合柱的前、后平面与圆筒的圆柱面相切，在相切处形成光滑过渡，相切处无界线，因此在图 6-6（b）主视图和左视图中相切处不应画线，但应注意两个切点在主视图和左视图中的位置。图 6-6（c）的主视图和左视图中均多线，放置在图 6-6（c）中右边的左视图将界线画在圆筒的轮廓线上也是错误的。

(4) 相交。相交是指两部分间有彼此相交的表面。两立体相交时，相交处所形成的相贯线应画出。如图 6-7（a）所示耳板的前、后侧平面与圆柱相交，因此在图 6-6（b）主视图和左视图中相交处应画线，但应注意交点在主视图和左视图中的位置，图 6-6（c）的主视图中交线的位置不对，左视图中漏线。

3. 组合体视图的画法

为了所画的视图能完整、清晰地表达物体各方面的形状，易于看懂。画组合体视图通常需要以下三个步骤：形体分析、视图选择、画图。

(1) 形体分析。画组合体视图之前，应对组合体进行形体分析。首先分析所要表达的组合体是属于哪一种组合形式，有几部分组成，然后分析两个部分之间的表面连接关系，从而对所要表达的组合体特点有一个总的概念，为画图做好准备。

(2) 视图选择。视图选择就是确定用什么视图、用几个视图来表达物体。其原则是用尽量少的视图把物体完整、清晰地表达出来。

视图选择要考虑物体安放位置、选择主视图投射方向、和确定视图数量三个问题。具体如下：

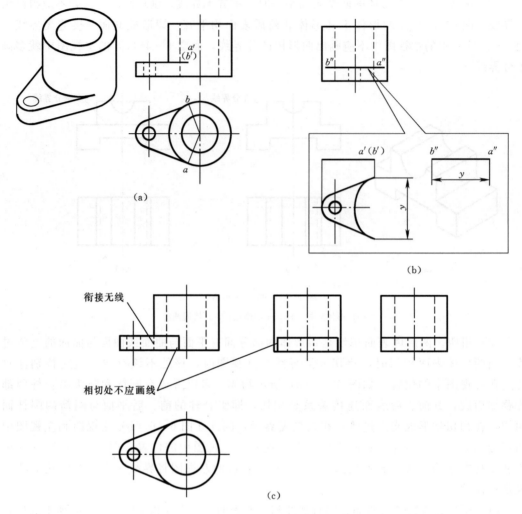

图 6-6　两表面相切

(a) 形体分析；(b) 正确画法；(c) 错误画法

1) 确定物体安放位置。物体应按正常工作位置或将组合体上较大底板水平放置，并使组合体上尽量多的平面平行于投影面，这样可使视图反映表面实形，且使视图简单易读。不能平行于投影面的平面应尽量垂直于投影面。若是回转体，应使回转体的轴线垂直于投影面，总之是使围成组合体的各表面尽量处于特殊位置。

2) 选择主视图的投射方向。一般来说，主视图是三个视图中最重要的视图，主视图如果选定，组合体在三面投影体系中的位置就确定下来了。

确定主视图投射方向的原则是使主视图尽量反映组合体的形状特征，另外还要考虑各视图中的虚线应尽量少，以及合理利用图纸等。

3) 视图数量。基本体并不是都需要三个视图才能表达清楚，在有特征图时，一般只需两个视图就能表达清楚，有的基本体标注尺寸后，只需一个视图就可表达清楚。表达一个组合体究竟需要几个视图，应在主视图确定之后，考虑各部分的形状和相对位置还有哪

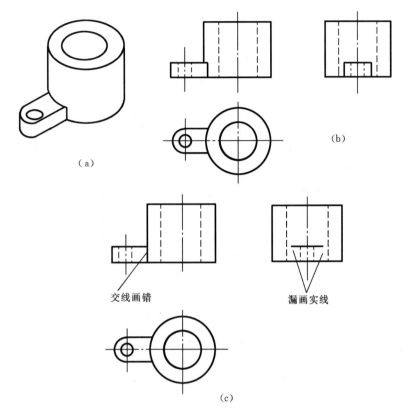

图 6 - 7　两表面相交

（a）形体分析；（b）正确画法；（c）错误画法

些没表达清楚，还需要几个视图来补充表达才能确定。

【例 6 - 1】　扶壁式挡土墙主视图的投射方向选择，如图6-8所示。

分析　若选用箭头 B 所指方向为主视图的投射方向，则 D 为左视图的投射方向，这时，因为扶壁为不可见，所以左视图中的虚线较多；若选用箭头 C 所指方向为主视图的投射方向，总体形状特征反映较少，扶壁、贴角两部分形状的特征未能得到反映，箭头 D 所指的方向更不可取；选用箭头 A 所指为主视图投射方向，较多地反映了组合体各部分的形状特征及相对位置关系，最为恰当。

而后确定视图数量。为便于看图、节省画图工作量和节省图纸，应在保证完整清晰地表达形体形状、结构的前提下，尽量减少视图数量。可按照形体分析的结果，逐个确定各部分所需的视图数量，然后得出表达整个形体所需的视

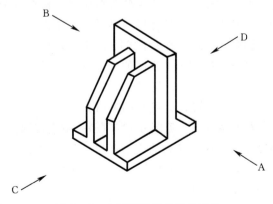

图 6 - 8　主视图投射方向的选择

图数量。

比如扶壁式挡土墙，对该形体的底板、直墙都需用三个视图表达，扶壁、贴角只需用主视图和俯视图（或左视图）表达，最后确定用主视图、俯视图和左视图。

在对形体作完形体分析和视图选择后，就可以定比例、选图幅，然后画图了。

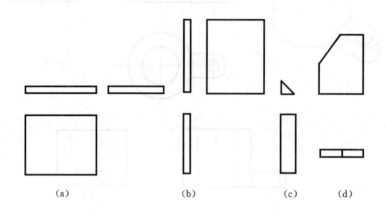

图 6-9 确定视图数量
(a) 底板；(b) 直墙；(c) 贴角；(d) 扶壁

（3）画图。画图前，首先布置视图，布置视图时注意使视图之间及视图与图框之间间隔匀称并留有足够标注尺寸的间隙。然后按照形体分析的结果和各部分之间的相对位置，逐个画出各基本形体的三视图，并及时处理表面的连接关系及相互间的遮盖关系，形成三视图底稿。为了迅速而正确地画出组合体的三视图，画底稿时，应注意以下几个点：

1）绘图时，切忌对着物体形状画完整个物体的一个视图后，再画其他视图，而应采用形体分析法，逐个画出每个基本体的三视图，这样，可达到化难为易、提高作图速度及减少作图错误。

2）画出每个基本体的三视图，先画特征视图，后画一般视图，三个视图要配合作图。

3）两个基本体之间的相对位置，要正确反映在各个视图中。

4）从整体概念出发，处理各个形体之间表面连接关系和连接处图线的变化。

画完底稿后，应按形体分析法逐个检查每个视图，纠正错画、补画漏线及擦去多余图线，确认无误后，按标准线型描深、加粗。

【例 6-2】 画扶壁式挡土墙三视图。

分析 根据画三视图的基本方法进行，具体的作图步骤如下：

（1）画基准线，见图 6-10 (a)。

（2）画底板，见图 6-10 (b)。

（3）画直墙，见图 6-10 (c)。由于直墙的前后端面与底板的前后端面平齐，所以主视图中两立体连接处的线不存在。

（4）画扶壁，要先画主视图，见图 6-10 (d)。因扶壁左端面与底板左端面平齐，在左视图中两立体连接处的实线不存在，但是直墙的右端面与底板连接处应有虚线，又因贴角与直墙相交，所以这两处应画虚线。

（5）画贴角。先画主视图，见图 6-10（e）。因贴角前后端面与直墙及底板前后端面平齐，所以主视图连接处不存在交线。

（6）最后，检查无误后加深主线，完成作图，见图 6-10（f）。

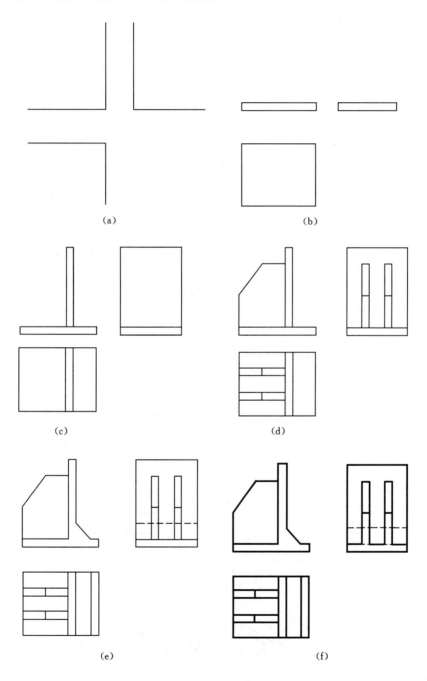

图 6-10 扶壁式挡土墙的画图步骤

对于切割式组合体，应先画出未切割前的基本体的视图，然后按所分析的切割顺序作图。比如，某形体可看成是长方体切割而成的，那么就先画出长方体的三视图，然后按所分析的切割顺序作图。

【**例 6-3**】 画图6-11所示切割体三视图。

分析 具体的作图步骤为：先画原体三视图，见图6-11（a）；然后画出切去形体工后的三视图，见图6-11（b）；画出切去形体Ⅱ后的三视图，见图6-11（c）；最后检查加深主线，完成作图，见图6-11（d）。

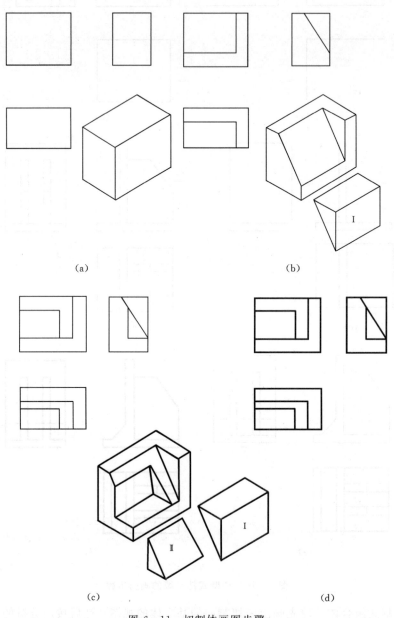

图 6-11 切割体画图步骤

6.2 组合体的尺寸标注

组合体的视图只能反映其形状，不能反映其大小及各部分之间精确的相对位置，因此，必须标注尺寸。

6.2.1 尺寸基准

标注组合体的尺寸时，应先选择尺寸基准。由于组合体具有长、宽、高三个方向尺寸，在每一个方向都应有尺寸基准，以便从基准出发，确定各基本体的定位尺寸。

选择基准必须体现组合体的结构特点，并使尺寸度量方便。确定基准时，先看组合体是否对称，若对称选择组合体的对称面作为基准；若组合体不对称，则选择组合体的底面、重要端面或较大圆柱轴线作为基准。每个方向上常有主要基准和辅助基准，辅助基准和主要基准应有尺寸联系。

如图 6-12（a）所示，以左右对称面为长方向的基准，后表面为宽方向的基准，以底面为高方向的主要基准，顶面为辅助基准；如图 6-12（b）所示，以圆孔轴线为长方向的基准，前后对称面为宽方向的基准，以底面为高方向的主要基准，顶面为辅助基准。

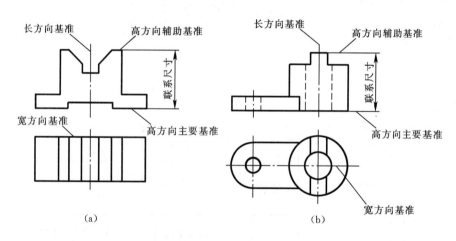

(a)   (b)

图 6-12 尺寸基准

6.2.2 标注尺寸的基本要求

尺寸标注应"正确、完整、清晰"。

1. 正确

正确是指尺寸标注应符合国家和行业制图标准的规定。

2. 完整

尺寸完整是指所注尺寸应完全确定组合体各基本体的大小和它们之间的相对位置。为做到尺寸完整，应注全三类尺寸：

（1）定形尺寸，即确定组合体中各基本体的形状和大小的尺寸。要在形体分析的基础上，分别标注各部分的定形尺寸。

（2）定位尺寸，确定组合体中基本体与基本体之间相对位置的尺寸。标注定位尺寸时，要选定长、宽、高三个方向的定位基准，物体的端面、轴线和对称面均可作为定位基准。

（3）总体尺寸，确定组合体总长、总宽、总高的尺寸。所以，标注尺寸要完整，不允许遗漏，一般也不得重复。

3. 清晰

清晰是指所标注尺寸位置要明显、排列要整齐，便于读图。标注时应注意以下几个问题：

（1）尺寸应尽量标注在反映形体形状特征的视图上，而且要靠近被注线段，表示同一结构或形体的尺寸应尽量集中在同一视图上。

（2）与两视图有关的尺寸，应尽量标注在两视图之间。

（3）尽量避免在虚线上标注尺寸。

（4）尺寸线尽可能排列整齐。

尺寸标注除应满足上述要求外，对于工程形体的尺寸标注还应满足设计和施工要求。这需要具备一定的专业知识后才能逐步做到。

6.2.3　基本体的尺寸标注

标注基本体的尺寸时，应按照基本体的形状特征进行标注。图 6-13 所示是几种常见基本体的尺寸注法。

1. 需要标注的尺寸

（1）柱体、台体需要标注的尺寸是底面形状尺寸和底面之间的距离。

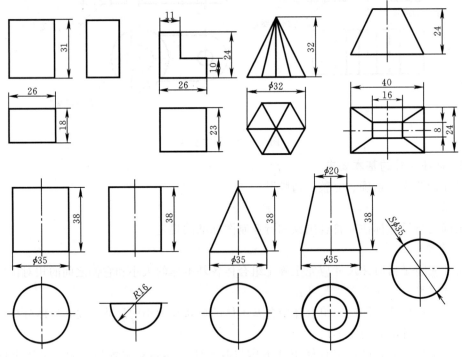

图 6-13　基本体的尺寸标注

（2）锥体需要标注的尺寸是底面形状尺寸和底面和锥顶之间的距离。

（3）圆球体只需标注球面直径。

2. 需要注意的问题

（1）基本体上同一尺寸在视图上只能标注一次。如圆柱底面直径 $\phi35$ 标注在主视图上，在俯视图的圆上就不再标注。

（2）平面体确定底面形状的尺寸一般标注在反映底面形状实形的特征视图上；曲面体的底面直径通常标注在非圆视图上比较清楚，而半径应注在圆视图上。

6.2.4 切割式组合体的尺寸标注

标注组合体的尺寸，首先要进行形体分析，标注切割式组合体尺寸时，应分析该切割体原体是什么形体，如何进行切割，然后再依次进行尺寸标注。

1. 需要标注的尺寸

原体的定形尺寸和截平面的定位尺寸。

2. 需要注意的问题

截断体的形状不注尺寸。因为截平面位置一经确定，其截交线自然形成。

【例6-4】 标注图6-14所示组合体的尺寸。

分析 该组合体是切割式组合体，原体是圆柱，用两个截平面（一个水平面、一个侧平面）在圆柱左上角切一个缺口。标注尺寸的步骤如下：

（1）标注原体尺寸。原体圆柱需标两个尺寸：$\phi35$、42，应集中标注在主视图上，如图6-14（a）所示。

（2）标注截平面的定位尺寸。水平截平面定位尺寸只需标注9，侧平截平面定位尺寸只需标注18，它们集中标注在反映缺口特征的主视图上，如图6-14（b）所示。

该组合体有这四个尺寸就确定了它的大小，注意截交线的形状（如俯视图中矩形及左视图中小半圆形）不能再标注尺寸，可由主视图按投影规律画出。

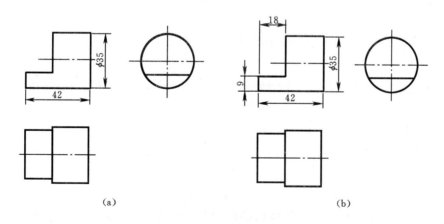

（a）　　　　　　　　　　　　　　　　　　（b）

图6-14 切口圆柱尺寸标注

（a）标注原体的定形尺寸；（b）标注截平面的定位尺寸

【例6-5】 标注图6-15所示组合体的尺寸。

分析：该组合体是切割体，原体是直五棱柱，用两个截平面（一个正平面、一个侧平面）在直五棱柱左前角切角。标注尺寸步骤如下：

（1）标注原体尺寸。原体是直五棱柱只需标注底面尺寸 38、10、10、30 和两底面间距 28。如图 6－15（a）所示。

（2）标注截平面的定位尺寸。正平截平面定位尺寸只需标注尺寸 14，侧平截平面定位尺寸只需标注 22，它们集中标注在反映缺口特征的俯视图上，如图 6－15（b）所示。

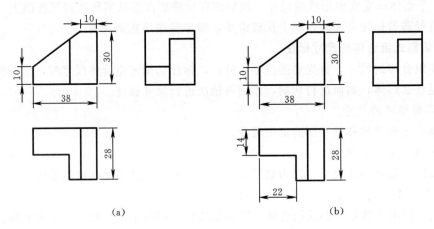

图 6－15　切割体尺寸标注

（a）标注原体的定形尺寸；（b）标注截平面的定位尺寸

该组合体有这七个尺寸就确定了它的大小，注意主视图和左视图中截交线的形状不能再标注尺寸。

6.2.5　叠加式（综合式）组合体的尺寸标注

标注叠加式（综合式）组合体的尺寸，也应进行形体分析，分析该叠加体由几部分所组成，各个部分间的叠加方式及相对位置。

1. 要标注的尺寸

各部分的定形尺寸和各部分间的定位尺寸以及组合体的总体尺寸。

2. 需要注意的问题

相贯线的形状不需注尺寸。因为确定了两相交部分形状及相对位置后其相贯线即自然形成。

【例 6－6】　标注扶壁式挡土墙的尺寸。

首先标注定形尺寸。按照形体分析结果，分别标注每部分的定形尺寸。底板的定形尺寸 100、80、10，见图 6－16（a）；贴角定形尺寸 20、80、20，见图 6－16（b）；直墙的定形尺寸 10、80、100，见图 6－16（c）；扶壁定形尺寸 60、30、10、40、80，见图 6－16（d）。考虑到要标注在反映形体特征的视图上，而且要靠近被注线段，所以长度尺寸和高度尺寸都标注在主视图上。

接下来标定位尺寸，见图 6－16（e）。帖角的左右位置需要确定，尺寸 10 即是贴角的定位尺寸，也是直墙的定位尺寸。扶壁的前后位置需要确定，因此应标注尺寸 20、20。

最后标注总体尺寸 100、80、110，见图 6－16（f）。

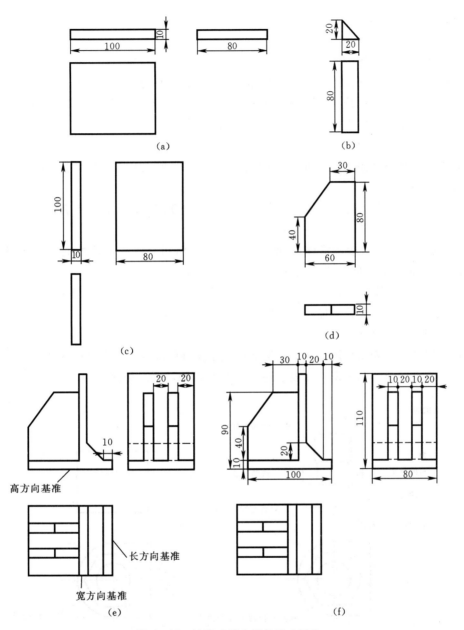

图 6-16　扶壁式挡土墙的尺寸标注
(a) 底板定形尺寸；(b) 贴角定形尺寸；(c) 直墙定形尺寸；(d) 扶壁定形尺寸；
(e) 标注定位尺寸；(f) 标注完整尺寸

6.3　读组合体视图

6.3.1　组合体视图的基础知识

1. 掌握读图的准则

由于一个视图不能确定物体的形状，因此看图时应以主视图为主，将各视图联系起来看，这是读图的准则。

2. 熟记读图的依据

应熟练掌握三视图的基本规律及基本体三视图和各种位置直线、平面的投影特征，这是读图的依据。我们在读图时主要用形体分析法，而形体分析法是将基本体作为读图的基本单元，基本体的视图应熟练掌握，否则就谈不上阅读组合体视图。无论基本体怎样放置，或演变成不完整的形体，都应该能正确识别。

3. 发挥空间想象力

要善于发挥空间想象力，使视图中的线段及线框离开纸面立于弄清视图中的点、线段、线框的空间含义。

（1）视图上的点。表示形体上的点或直线，因此读图时，应有"点表示一直线"的空间含义。

（2）视图上的线。表示形体曲面轮廓线、面与面相交线或形体的面，读图时，应有"线表示一个面"的空间含义，如图 6－17（a）所示。

（3）视图上的线框。表示形体上曲面、平面、平面与曲面的组合面或立体，读图时，应有"线框表示一个面或立体"的空间含义，如图 6－17（a）所示。

4. 视图上相邻线框

在一般情况下表示形体上两个相交面或两个错开的面。对于线框中的线框，一般情况下表示形体上的凸、凹关系，或表示通孔。如图 6－17（a）和图 6－17（b）所示。

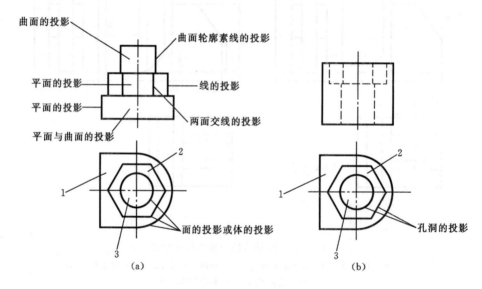

图 6－17 视图中线和线框的含义

6.3.2 在相邻视图中确定线框、线段对应关系的思维方法

从视图之间分离出线框、线段的对应关系是读图时必备的思维方法。

1. 相邻视图中成对应关系的线框为类似形。

如图 6－18（a）所示，主视图的线框 $1'$ 与俯视图的线框 1 成对应。两个线框 $1'$ 与线框 1 符合 n 边对应 n（六条边对应六条边）；平行边对应平行边（如 $a'b' \parallel e'f' \parallel c'd'$，$ab \parallel ef \parallel$

cd）；线框各顶点符合点的投影规律，且各顶点连线顺序相同。此线框形状不仅符合类似形，而且有相同的方位，见图 6-18（b）的投影分析。成对应关系的线框，表示形体上同一表面。如线框 1′和 1 表示面Ⅰ，是侧垂面。同理线框 3′和 3 表示面Ⅲ，是正垂面。

2. 相邻线框中无类似形线框对应，必对应积聚线段

图 6-18（a）俯视图的线框 2 和 3 在主视图中找不到类似形线框对应，必对应于线段 2′和 3′。即面Ⅱ为水平面，面Ⅲ为正垂面。

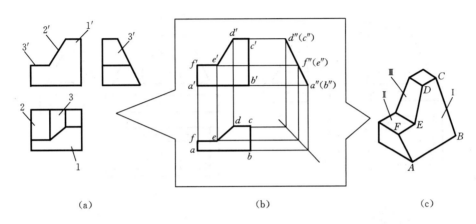

(a)   (b)   (c)

图 6-18 线框与线段的对应关系

6.3.3 组合体的读图方法

基本方法：形体分析法。

辅助方法：线面分析法、形体切割法。

读图的基本方法是形体分析法，对于视图中出现的局部难点，则需用线面分析法。

1. 形体分析法——"分、找、想、合"

用形体分析法读图，其步骤可用四个字概括："分"、"找"、"想"、"合"。

"分"即从特征明显的视图着手，按线框把视图分成几部分，空间意义即是把形体分成几部分。

"找"即按照"长对正、高平齐、宽相等"找出各部分对应的其他投影。

"想"即根据各部分的投影想象各部分的形状。

"合"即根据各部分的相对位置想象出整体形状。

【例 6-7】 如图 6-19（a）所示为涵洞进口挡土墙的三视图，试读视图，想象其空间形状。

第一步"分"：首先按照形体分析法从一个视图着手分离线框，那么应分哪个视图呢？应该对所给的视图对比，选择线框大而少，最能体现组合体形状特征的视图作为分离线框的入手视图。有时候不一定是主视图，在这个例题中，应选择左视图。左视图可分为上、中、下三大线框，可将物体分为上、中、下三部分。见图 6-19（b）。

第二步"找"：由左视图按"高平齐、宽相等"，找出上、中、下三部分线框在主、俯视图中所对应的封闭线框。见图 6-19（b）。

第三步"想"：根据每个基本体的三视图想物体的形状。见图 6-19（b）可知下部线框

117

为一倒置的凹字多边形，空间形状为倒置的凹形柱；中部梯形线框对应左视图也为梯形线框，对应俯视特征图可看出是半四棱台，其虚线对应三投影可知是在半四棱台中间前后方向挖穿一个倒 U 形；上部对应另两视图都是矩形线框，所以是直五棱柱。各部分形状见图 6-19（c）。

第四步"合"：由主视图可看出，半四棱台，直五棱柱依次在倒凹形柱之上，且左右位置对称，在左视图和俯视图都可以看出三部分的后表面平齐，整体形状见 6-19（d）。

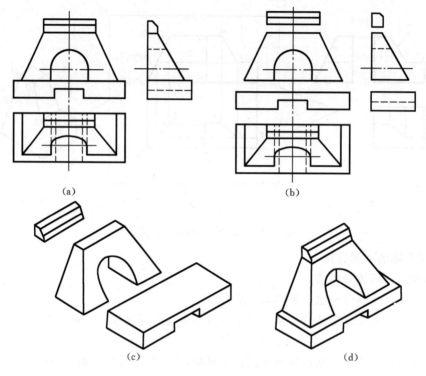

图 6-19 组合体的形体分析法读图

（a）三视图；（b）分部分；（c）逐部分对投影想出形状；（d）综合想出整体

2. 线面分析法

当有些形体与基本体相比较差别很大，带有斜面或某些细部结构比较复杂，不宜用形体分析法看懂时，可采用线面分析法。形体分析法是将基本体作为读图的基本单元，线面分析法是将组成形体的几何元素（主要是平面）作为读图的基本单元，通过分析组成体的各平面的相对位置和形状来想象形体的形状。由于平面在视图上一般反映为图线或线框，所以线面分析法是：根据视图上的图线及线框的意义，找出它们的对应投影，从而分析出形体上相应线面的形状和相对位置。

【例 6-8】 如图 6-20（a）所示物体的三视图，想象其空间形状。

第一步"分"：首先弄清楚各视图名称、投射方向，建立物图关系。可以看出物体是叠加式组合体按照形体分析法从一个视图着手分离线框，在这个例题中，左视图可分为上、中、下三大线框，可将物体分为上、中、下三部分：下部是底板，上部是闸墩，闸墩两侧各突出一个形体，工程上称为"牛腿"，如图 6-20（a）所示。

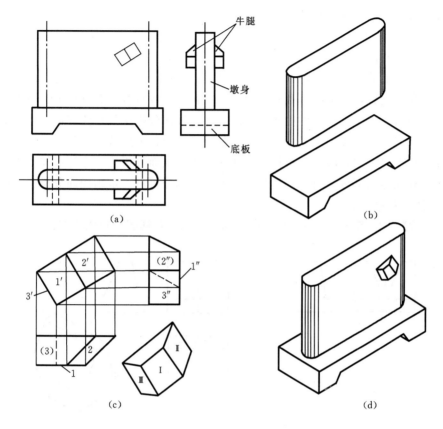

图 6-20 组合体读图

(a) 识视图，分部分；(b) 对投影、分别想象出底板和闸墩的形状；

(c) 线面分析想象出牛腿的形状；(d) 综合想象整体形状

第二步"找"：由左视图按"高平齐、宽相等"，找出上、下两部分线框，在主、俯视图中所对应的封闭线框。如图 6-20（b）所示。

第三步"想"：根据每个基本体的三视图想物体的形状。图 6-20（b）可知下部线框为一倒置的凹字多边形，空间形状为倒放的凹形柱；闸墩为组合柱。如图 6-20（c）所示。牛腿的形状用形体分析法不易看懂，需作线面分析。

先分析主视图中的线框 1′，按照"长对正、高平齐"找出它的水平投影、侧立面投影，由于都不存在满足投影规律的类似形，所以它的水平投影是一条水平方向的直线、侧立面投影是一条竖线，由此可知Ⅰ是一个正平面；再分析主视图中的线框 2′，按照"长对正、高平齐"找出它的水平投影、侧立面投影，均是满足投影规律的类似形，由此可判定Ⅱ面是一般位置平面，在右上方。Ⅰ、Ⅱ面在主视图中可见是形体的前面两个面。然后，再看俯视图中的矩形线框 3，按照"长对正"找出它的水平投影，是一条倾斜直线，可知Ⅲ这是一个正垂面，在左下方。

分析物体的上、下面和后面。先看上面，是正垂面，找出其水平投影，再找其侧面投影，已存在类似形。再看下面，也是正垂面，找出其水平投影，再找其侧面投影，也存在类似形。再看后面，是正平面，侧面投影是竖直线。

119

第 6 章 组 合 体

现在物体的六个面都分析清楚了。

第四步"合"：由主视图和左视图可看出，底板在下，闸墩在底板之上，且前后、左右居中，两牛腿在闸墩的右上方，前后各一个呈对称分布，整体形状如 6-20 (d) 所示。

通过以上线面分析法的练习，可以感觉到熟记各种位置平面的投影特征的重要性。尤其关于类似形的问题，如取线框找对应投影时，首先要找符合投影规律的类似形，如果没有类似形，就可以肯定其对应的投影是直线。通过线面分析法就是要弄懂物体表面的每一个面是什么形状，相对投影面是什么位置，最后组合成整体形状。

有时在读图过程中，既需用形体分析法又需要用线面分析法。先用形体分析法，读懂形体特征比较明显的部分，对于形体特征不明显的部分再进一步用线面分析法进行分析。

3. 形体切割法

【例 6-9】 已知如图 6-21 (a) 所示物体的主、左视图，补画俯视图。

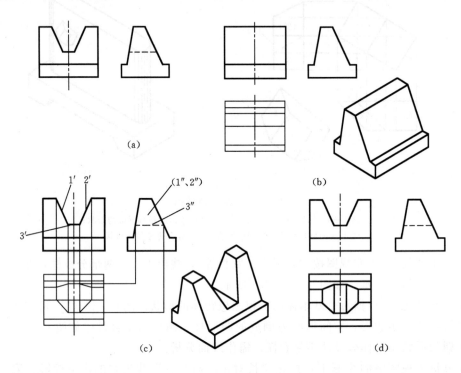

图 6-21 补视图
(a) 已知视图；(b) 补出原体俯视图；(c) 根据切槽的特点补画俯视图；
(d) 检查加深并完成作图

根据 6-21 (a) 所示的两面视图，从左视图入手结合主视图可看出该物体是被两正垂面和一水平面切割成槽的直八棱柱，先可用形体分析法补画出原体部分的俯视图，如图6-21 (b) 所示；切割部分是在体的上部，且用平面斜切，视图比较复杂。分析平面在某位置截立体，其在立体上形成的截断面就是该位置平面的原理，应该一个面又一个面地补画，要先补画槽底的水平面，再补画槽两侧的正垂面，如图 6-21 (c) 所示；最后加深完成俯视图，如图 6-21 (d) 所示。

第 7 章　工程形体的表示方法

工程形体与组合体相比形状与结构均复杂得多，仅用三视图难以将其形状与结构完整、清晰、准确的表达，为满足实际工程的需要，《水利水电工程制图标准》（SL 73—95）以及技术制图标准规定了一系列表达方法，画图时可根据工程结构的具体情况合理选用。本章介绍其中常用的几种。

7.1　基本视图与辅助视图

7.1.1　基本视图

1. 技术制图标准规定

用正六面体的六个面作为六个投影面，称为基本投影面；物体在基本投影面上的投影称为基本视图。将物体放在六面体中间，分别向投影面作正投影，由前向后作投影，得主视图；由上向下投射，得俯视图；由左向右投射，得左视图；还有三个新的视图，如图 7-1 所示，分别是由下向上投射，得仰视图；由右向左投射，得右视图，由后向前投射得后视图。

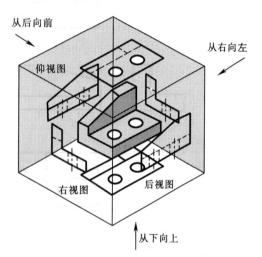

图 7-1　六面基本视图的形成

2. 六个基本视图的配置

六个基本投影面展开时，规定正立投影面不动，其余各投影面按图 7-2 所示的方向展开到与正立投影面在同一平面上。投影面展开后，六个基本视图的配置关系如图 7-3 所示，在同一张图纸上，基本视图如按这种位置关系配置，可不标注视图的名称。

3. 基本视图的标注

当某个视图位置不符合图 7-3 的配置关系时，应进行标注。

4. 基本视图投影规律及位置关系

基本视图之间与三视图一样，仍然符合"长对正、高平齐、宽相等"的投影规律。

六个视图位置关系需注意的是：在俯、左、仰、右视图中，靠近主视图的一方是物体的后方，反之是物体的前面。此外，主视图和后视图的左右位置关系恰好相反。

在实际画图时，一般物体并不需要全部画出六个基本视图，而是根据物体形状的特点和复杂程度，具体进行分析，选择其中几个基本视图，完整、清晰、准确地表达出该物体

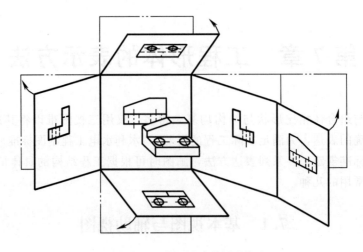

图 7-2 六面视图及其展开方法

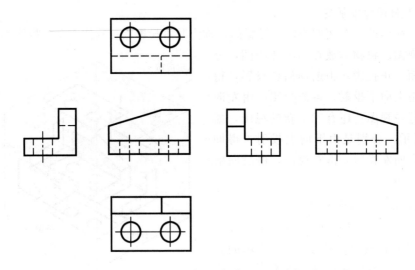

图 7-3 按投影关系配置的六面基本视图

的形状和结构。

7.1.2 向视图

向视图是可以根据表达物体的需要而配置的视图。根据专业的需要，允许从以下两种表达方式中选择一种：

（1）在向视图的上方标注大写字母，在相应视图的附近用箭头指明其投射方向，并标注相同的字母，如图 7-4 所示。

（1）在视图下方（或上方）注写图名。注写图名的各视图在图的位置，应根据需要和可能，按相应的规则布置（图 7-5）。

7.1.3 局部视图

当物体的某一部分形状未表达清楚，又没有必要画出该方向的整个基本视图时，可以只将物体的这一部分向基本投影面投射，所得的视图称为局部视图。如图 7-6 所示，已

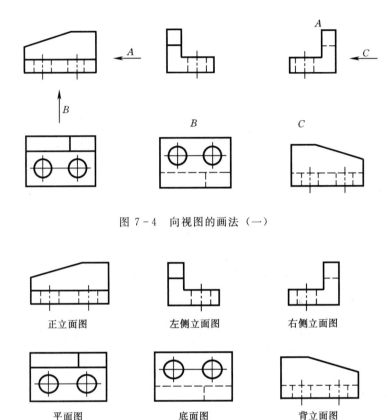

图 7-4 向视图的画法（一）

正立面图	左侧立面图	右侧立面图
平面图	底面图	背立面图

图 7-5 向视图的画法（二）

画出形体的主视图和俯视图，形体内外的主要形状已经表达清楚，但其左下部和右中部的形状尚未清晰地表达出来。如果再画左视图和右视图，则形体大部分投影重复。因此，可沿着箭头 A 所指的方向向右侧立投影面进行投射，只画出局部的左视图以表达左下部的形状；沿着箭头 B 所指的方向向左侧立投影面进行投射，只画出局部的右视图以表达右中部的形状。这样形体的形状和结构就完全表达清楚了。

局部视图不仅减少了画图的工作量，而且重点突出，简单明了，表达方法比较灵活。

画局部视图时必须注意：

（1）局部视图的断裂边界用波浪线表示，如图 7-6 中的"A"局部视图所示，但当所表达的局部结构是完整的，且外形轮廓又成封闭时，则波浪线可省略不画，如图 7-6"B"局部视图所示。

（2）必须用带字母的箭头指明投影部位及方向，并在该局部视图上方用相同的字母

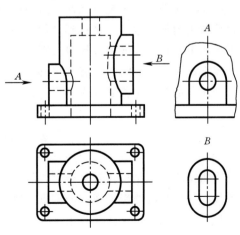

图 7-6 局部视图的应用

123

标注局部视图的名称，如图 7-6 中的 "A" 和 "B" 局部视图。

（3）局部视图应尽量配置在箭头所指的方向，并与基本视图保持投影关系。由于布局等原因，也允许把局部视图配置在图幅其他适当的地方，如图 7-6 中的 "B" 局部视图所示。

7.1.4　斜视图

当物体上具有不平行于基本投影面的倾斜部分时，在基本视图上就不能反映该倾斜表面的真实形状。为了表达倾斜部分的真实形状，可以选择一个新的辅助投影面，使它与物体倾斜部分平行，并垂直于一个基本投影面，如图 7-7（a）所示，然后将倾斜部分向辅助投影面投射，这样所得的视图称为斜视图，如图 7-7（b）所示。

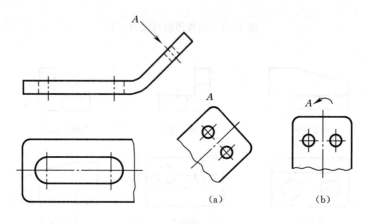

图 7-7　斜视图画法

画斜视图时要注意以下几点：

（1）斜视图通常只要求表达物体倾斜部分的实形，故其余部分不必全部画出而用波浪线断开。

（2）画斜视图时，必须在基本视图上用带字母的箭头指明投影部位及投射方向，并在斜视图上方用相同字母标注名称 "A"，如图 7-7（a）所示。

（3）斜视图应尽量配置在箭头所指的方向，并与倾斜面保持投影关系。为了作图方便和合理利用图纸，也可以平移到其他适当的位置。在不致引起误解时，允许将图形旋转，使图形的主要轮廓线或中心线成水平或垂直位置，如图 7-7（b）所示；表示该视图名称的大写字母应靠近旋转符号的箭头端，也允许将旋转角度标注在字母之后；无论哪种画法，标注字母和文字都必须水平书写，如图 7-7 所示。

7.2　剖　视　图

当物体的内部结构比较复杂时，如果仍用视图来表达，那么在视图中必然要画出很多的虚线，这样势必要影响图形的清晰；既不利于看图，也不便于标注尺寸；另一方面，结构的材料在视图中也无法反映出来；为了解决物体内部结构的表达问题，在制图中通常采用剖视的方法。

7.2.1 剖视图的基本概念和作图方法

剖视图：假想用剖切面在物体的适当位置把物体剖开，移去观察者与剖切平面之间的部分物体，把剩余的部分向基本投影面投射，并且在剖切平面与物体接触面画上材料符号，这样所得到的视图，就称为剖视图。

剖视图有两个目的：第一个是反映形体的内部结构，把视图中用虚线表达的结构用实线表达出来；第二个是表示物体使用的材料。

剖视图反映两项内容：一个是剖切到的断面形状；另一个是剖切平面后面的所有结构。

如图 7-8 所示，假想用剖切平面 P 剖开基础，将处在观察者和剖切面之间的那部分移去，将其余的部分向投影面投射，所得到的剖视图是 $A—A$。

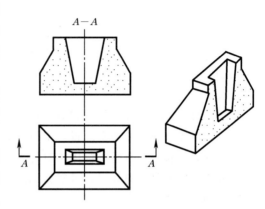

图 7-8 剖视图的画法

1. 画剖视图的步骤

（1）确定剖切面的位置。通常用平面作剖切面，画剖视图时，首先要考虑在什么位置剖开物体。为了能确切地表达物体内部孔、槽等结构的真实形状，剖切平面应该与投影面平行，并沿着孔、槽的对称平面或通过其轴线将形体剖开。如图 7-8 所示的剖切面既平行于正立投影面，且通过基础前、后方向的对称平面。

（2）画剖视图。在作剖视图时，首先要清楚剖切后的情况，哪些部分移去了，哪些部分留下了，哪些部分是被剖切平面切到的，其投影如何？凡剖切平面切到的部分以及在剖切平面后的可见部分轮廓，都用粗实线画出。

（3）画建筑材料图例。在剖视图上被剖切平面切到的断面称为断面图。在断面图上应画出材料图例；这样，在读图时，便可根据图上有无材料图例或剖面符号就可以分清形体的实体与空腔部分；便于想象形体的内、外形状和远近层次。

2. 画剖视图应注意的问题

（1）剖切的假想性。剖切对物体来说是假想的，事实上物体并没有剖开，也没有移走一部分，所以画完剖视图后，并不影响其他视图的完整性，其他视图仍应画出完整的图形。如图 7-8 所示，基础的俯视图就按完整形体来画。

（2）合理地省略虚线。为了使图形更加清晰，剖视图中可省略不必要的虚线。凡是已经表达清楚的内部结构形状，在其他视图上的虚线可省略不画。

（3）剖视图上要防止漏线。剖视图应该画出剖切到的剖面形状的轮廓线和剖切面后面的可见轮廓线。但初学者往往容易漏画剖切平面后方的可见轮廓线。

（4）剖面线的方向。金属材料的剖面符号是在剖面内画出间隔相等、方向相同、与水平方向45°的细实线。在不清楚物体的材料时，该符号也作为通用符号使用。同一形体各剖视图上剖面线倾斜方向和间隔应一致。

3. 剖视图的标注

为了说明剖视图与有关视图之间的对应关系，剖视图一般要加以标注，注明剖切位置、投射方向和剖视图名称。

（1）剖切位置。用剖切符号表示。即在剖切平面的起、迄和转折处各画一短粗实线，此线尽可能不与形体的轮廓线相交。

（2）投射方向。用细实线箭头或粗短线表示（粗短线长度应小于剖切符号长度），箭头画在剖切位置线的两端。

（3）剖视名称。用相同的数字或字母依次注写在剖切符号的附近，并一律水平书写，而在相应的剖视图的下方（或上方）注出相同的两个数字或字母，中间加一横线，如图 7-8 所示。

4. 简化与省略

符合下列条件时，可简化或省略标注：

（1）当剖视图按投影关系配置，中间又无其他图形隔开时，可省略箭头。

（2）当单一剖切平面通过物体的对称平面或基本对称的平面，且剖视图按投影关系配置，中间又无其他图形隔开时，可省略标注。

7.2.2　几种常用的剖视图

依据剖切范围的大小，可将剖视图分为全剖视图、半剖视图、局部剖视图三种。又依据剖切面的数量不同，将剖视图分为两类：单剖面的有全剖视图、半剖视图、局部剖视图和斜剖视图；复剖面的有阶梯剖视图、旋转剖视图和复合剖视图。以下按单剖面和复剖面的顺序进行叙述。

1. 全剖视图

假想用一个剖切平面将物体完全剖开所得到的剖视图，称为全剖视图。如图 7-9 所

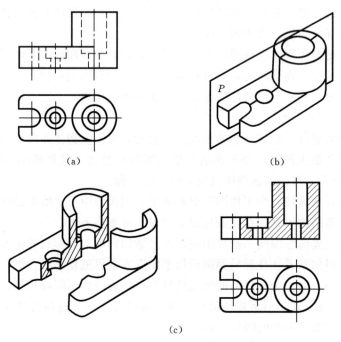

（a）　　　　　　　　　　　　（b）

（c）

图 7-9　全剖视图

示，形体内部结构不对称，外形比较简单，用一个剖切平面完全剖开形体，画出主视方向的全剖视图，配合俯视图就能既反映外形又反映内部结构。

全剖视图的优点是能清晰地表达形体的内部结构，缺点是无法反映外形。

全剖视图适用于表达外部形状简单而内部结构复杂的物体、完全不对称形体。

全剖视图的画法及标注与 7.2.1 中的要求相同。

2. 半剖视图

假想用一个剖切平面将物体完全剖开，当形体具有对称平面时，在与对称平面垂直的投影面上，以对称线为界，一半画成剖视图，表达内部结构形状，另一半画成视图，表达外部结构形状，这种半个视图与半个剖视图合成的图形称为半剖视图。习惯上，将半个剖视图画在对称线的右边或下方、前方。如图 7 - 10 所示，混凝土基础左右对称、前后对称，因此，在主视图和左视图中均采用半剖视图，既反映外形又能表达内部结构形状。

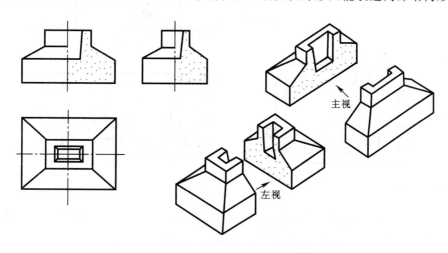

图 7 - 10　半剖视图

半剖视图在一个视图中既能反映外形，又能反映内部结构；半剖视图适用于表达形体对称且对称线处无内、外轮廓线的形体或基本对称的物体。

画半剖视图应注意：

（1）半个剖视图与半个视图的分界线用细点画线表示；

（2）由于半剖视图形对称，所以在半个视图中，表示内部结构形状的虚线省略不画。

讨论　半剖视图与全剖视图的比较。

如图 7 - 11 所示，物体由底板和空心四棱柱叠加而成，空心四棱柱前壁有圆孔，左、右壁上有矩形槽。该物体左右对

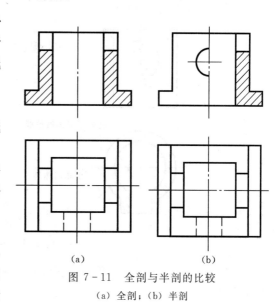

（a）　　　　　　（b）

图 7 - 11　全剖与半剖的比较

（a）全剖；（b）半剖

称。如采用主、俯视图来表达，主视图有两种表达方法供选择。

若主视图画成全剖视图，如图 7－11（a）所示。内部结构可表达清楚，但外形孔和槽未能得到表达。

为了兼顾内外形状的表达，综合视图和全剖视图表达的优点，将主视图以对称线为界，一半画成外形视图以表达物体的外形，另一半画成剖视图，以表达内部结构，如图 7－11（b）所示。

3. 局部剖视图

用一个剖切平面局部地剖开物体所得到的剖视图称为局部剖视图。如图 7－12 所示。

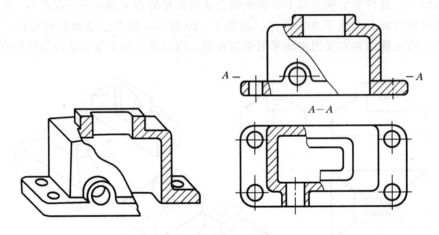

图 7－12　局部剖视图

局部剖视图通常画在视图内并以波浪线与视图分界，波浪线不能与视图中的其他轮廓线重合；不能穿越孔洞；也不能超越外形轮廓线，如图 7－13 所示。

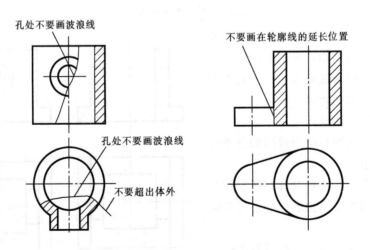

图 7－13　局部剖视图画图注意事项

局部剖视能在一个视图中既反映外形又反映内部结构；不受有无对称性的影响；剖切范围机动灵活。

局部剖视图若剖切位置明显一般不用标注。

4. 斜剖视图

将物体倾斜部分的内部结构用投影面垂直面作剖切平面完全剖开形体，向新设置的辅助投影面投射，这样所得到的剖视图称为斜剖视图。如图 7 - 14 所示，为表达卧管及进水口的真实形状，选用正垂面作剖切平面，将卧管完全剖开后向与剖切面平行的投影面投射，即得如图 7 - 14 所示的斜剖视图。

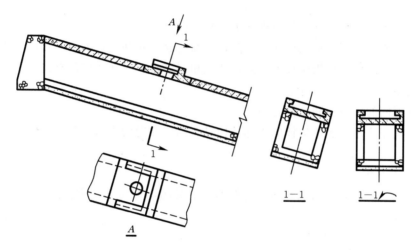

图 7 - 14　卧管的斜剖视图

辅助投影面的设置应满足下述两项条件：一是要平行于倾斜结构部分（以便反映实形）；另一方面，辅助投影面应垂直于不变投影面。

5. 阶梯剖视图

用几个互相平行的剖切平面完全剖开物体所得到的剖视图，称为阶梯剖视图，简称阶梯剖视，如图 7 - 15 所示。

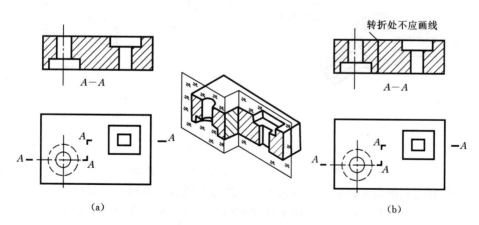

图 7 - 15　阶梯剖视图
（a）正确画法；（b）错误画法

如图 7 - 15（a）所示，物体的内部结构具有同一方向但不同位置的对称平面。选用主、俯两个视图来表达，俯视图反映形体水平方向的实形及各孔的形状、位置；主视图反映物体高度和孔深。为了使孔的轮廓在主视图中可见，设想用两个平行的剖切平面，分别通过两孔的对称平面进行剖切，即主视图用阶梯剖视表达，较好地解决了该物体两处内部结构的表达问题。

画阶梯剖视应注意以下几点：

（1）由于剖切平面是假想的，所以两个剖切平面转折处的分界线不应画出，如图 7 - 15（b）所示。

（2）剖切平面的转折处不应与视图中的轮廓线重合。

（3）所画剖视图必须加以标注，在剖切平面的起、止和转折处均应画出剖切符号，并在起、止处外侧画出短线指明投射方向，注上相同字母，并在相应的剖视图上方或下方标出名称。如图 7 - 15（a）所示。

阶梯剖视图的优缺点同全剖视图。

阶梯剖视图适用于表达形体的内部结构具有同一方向的平行于基本投影面的对称平面的形体。

6. 旋转剖视图

用两个相交的剖切平面剖开物体所得到的剖视图，称为旋转剖视图，简称旋转剖视，如图 7 - 16 所示。

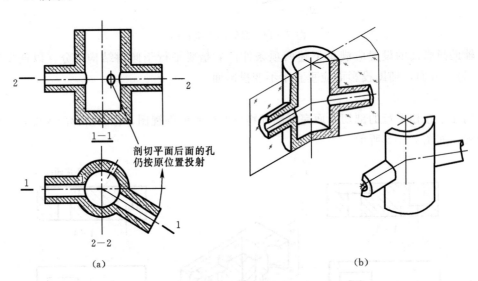

图 7 - 16 旋转剖视图

如图 7 - 16 所示的集水井，为表达集水井的内部结构，用前述几种方法都无法同时剖切。现采用相交两剖切平面，一个为正平面，通过左边管道对称平面剖切，另一个为铅垂面，通过右边管道对称平面剖切，两个剖切平面的交线为集水井的回转轴线。为使铅垂剖面区域的正面投影反映实形，将其绕两剖切平面交线旋转到与 V 面平行，再进行投射；这样在主视图上就可以将集水井的内部结构都表达清楚了。

画旋转剖视图需注意的是：应将剖切所产生的倾斜结构及相关部分先旋转到与基本投

影面平行的位置再进行投射。

旋转剖视的标注方法与阶梯剖视相同，注意剖切位置与剖视方向线应始终成一直角。

7. 复合剖视图

当物体的内部结构形状较多，用旋转剖或阶梯剖仍不能表达清楚时，可用几个组合的剖切平面剖开物体，这样得到的剖视图，称为复合剖。

7.2.3 剖视图上的尺寸标注

在剖视图上标注尺寸的基本要求与组合体的尺寸标注相同。为使标注清晰，根据剖视图的表达特点，剖视图上标注尺寸应注意：

（1）外形尺寸应尽量标注在视图附近，表达内部结构的尺寸尽量标注在剖视图附近。

（2）在半剖视图上标注内部结构尺寸时，只画一边的尺寸界限和箭头，尺寸线略超过对称线，但尺寸数字应按完整结构尺寸注写，如图7-17所示。

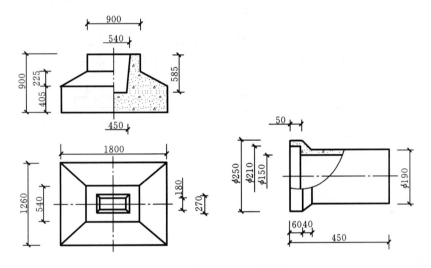

图 7-17 剖视图的尺寸注法

7.3 断 面 图

7.3.1 断面图的概念

假想用剖切面将物体的某处切开，仅画出该剖切面与物体接触部分的图形，并画上材料符号，这样所得的图形称为断面图，断面图可简称为断面。如图7-18所示。

断面图与剖视图的区别是：剖视图用于表达物体的内部结构形状，除要画出剖切面切到的断面形状外，还要画出剖切面后面物体的投影，即剖视图是体的投影；而断面图用于表达物体某一局部的断面形状，仅画出剖切面切到的断面形状。即断面图是面的投影。剖视图可采用多个剖切平面，断面图一般使用单一剖切平面。

断面图应标注如下内容：

（1）剖切位置。用短粗线表示。

（2）编号。应采用阿拉伯数字或大写字母注写在剖切位置线的一侧，该侧应为断面的

131

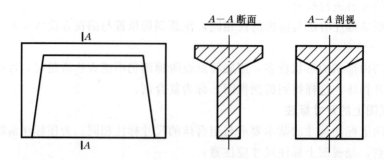

图 7-18　剖视与断面的区别和联系

投射方向。

如图 7-19 所示，字母 A 和 B 都注写在剖切位置线的右侧，表示从左向右投射。

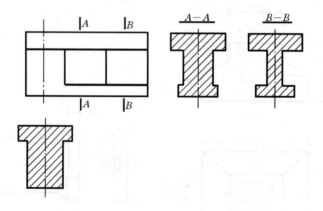

图 7-19　移出断面的画法

7.3.2　断面图的分类

根据断面图的配置位置不同，断面图分为移出断面和重合断面两种。

移出断面是画在视图以外的断面，移出断面的轮廓线用粗实线绘制。移出断面适用与断面变化较多的构件，如钢筋混凝土梁、柱等，如图 7-19 和图 7-20 所示。

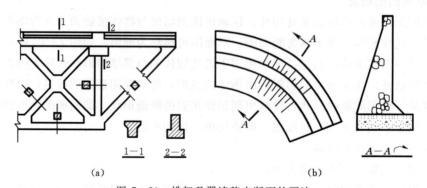

(a)　　　　　　　　　　　　　　　(b)

图 7-20　排架及翼墙移出断面的画法

1. 移出断面图的画法

（1）当剖切面通过回转面形成的孔或凹坑的轴线时，这些结构应按剖视图绘制，如图 7-21 所示。

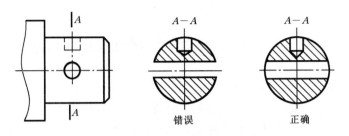

图 7-21 剖切面通过回转面形成的孔或凹坑时的画法

（2）当剖切面通过非圆孔，而导致出现完全分离的两个断面时，则这些结构应按剖视图绘制。

（3）当断面图形对称时，也可画在视图的中断处，视图应用波浪线或折断线断开，如图 7-20（a）所示。

（4）剖切平面应与被剖切部分的主要轮廓线垂直。由两个（或多个）相交的剖切平面剖切得出的断面，中间一般应断开，如图 7-22 所示。

（5）移出断面图的配置与标注方法有：

1）移出断面图应尽量配置在剖切面迹线或剖切符号的延长线上，以保证投影关系，为方便画图也可以配置在其他适当的位置。

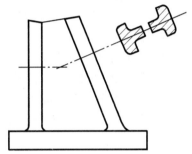

图 7-22 多个相交剖切面的断面图

2）未配置在剖切线的延长线上的移出断面图，当图形不对称时，要用剖切符号表明剖切位置，画箭头指示投射方向，并注写字母；如果图形对称，可省略箭头。

3）配置在剖切符号延长线上的移出断面图，当图形不对称时，可省略字母，若图形对称可不标注，此时，应用细点画线画出其剖切位置。

4）按投影关系配置的移出断面图，可省略箭头。

2. 重合断面的画法

重合断面是与视图重叠画在一起的断面，重合断面的轮廓线规定用细实线画，当视图

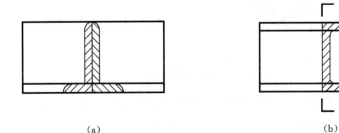

| (a) | (b) |

图 7-23 重合断面的画法

（a）对称；（b）不对称

中轮廓线与重合断面图的图线重叠时，视图中的轮廓线仍应连续画出，不可间断。重合断面多用于结构简单的形体，如图 7-23 所示。

对称的重合断面可不标注，如图 7-23（a）所示。不对称的重合断面应标注剖切位置，并用粗实线表示投射方向，但可不标注字母。如图 7-23（b）所示。

7.4 视图、剖视图与断面图的阅读

读视图、剖视图和断面图的基本方法仍然是形体分析法和线面分析法，但必须结合视图、剖视图和断面图的特点。因为剖视图和断面图是假想将物体剖开后所画出的图形，一般视图的数量较多，表达方法也各不相同，所以读图时，首先应看基本视图、剖视图、断面图的名称，然后找出剖视图、断面图的剖切位置，明确投射方向，弄清视图间的投影关系。其次分析了解采用何种剖视图、断面图以及各个剖视图、断面图所表达的重点是什么，剖视及断面的画法。一般的读图方法是从总体到局部，从外形到内部，从主要结构到次要结构，再到细部，在看清各组成部分的形状结构后再综合想象出整体。具体的读图方法和读图步骤如下：

（1）概括了解。如图 7-24 所示，由涵洞的轴测图可知，涵洞由进口连接段、进口段、洞身段、出口段、出口连接段组成；涵洞是一种输水建筑物，各组成细部的名称如图 7-24 所示。由图 7-25 可知，俯视方向采用了平面图，主视方向用单一剖切平面的全剖视图，其他视图分别采用了合成视图、半剖视图、断面图、掀土画法等。

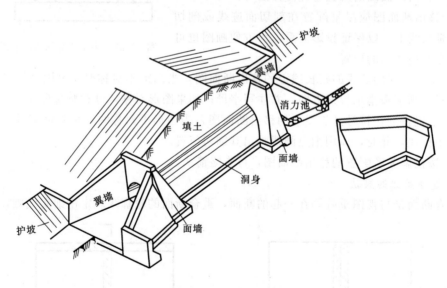

图 7-24 涵洞的轴测图

（2）分析各部分的形状。用形体分析法逐部分进行分析、识读。由平面图可知涵洞各组成部分的平面形状及相互位置关系；由主视图并结合其他视图可知洞身、面墙、底板、消力池等的形状结构与材料，还能分析上、下游翼墙的形状及填土与岸坡的连接等。

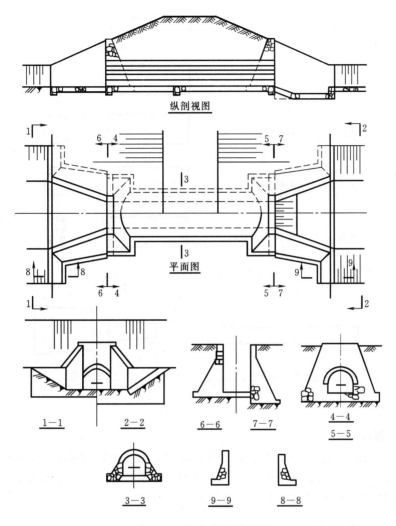

纵剖视图

平面图

1—1　　2—2　　6—6　　7—7　　4—4
　　　　　　　　　　　　　　　　　　5—5

3—3　　9—9　　8—8

图 7-25　涵洞的视图选择

（3）综合成整体。根据已知视图所表达的各部分相对位置，将上述读图结果加以综合，即可想象出涵洞的空间形状、结构与材料。

7.5　规定画法及简化画法

7.5.1　折断线的画法、断开画法

当形体很长或很大而不需要全部画出时，可采用折断画法，折断处应画折断线，对于断面形状和材料不同的物体，折断线的画法不同，如图 7-26 所示。

当形体沿长度方向较长（如杆、轴、型材等）、而且断面形状相同或按一定规律变化时，可将中间一段"截去"不画，再将两段靠拢画出，如图 7-27 所示，这种画示称为断开画法，此时尺寸仍应标注形体的全长。

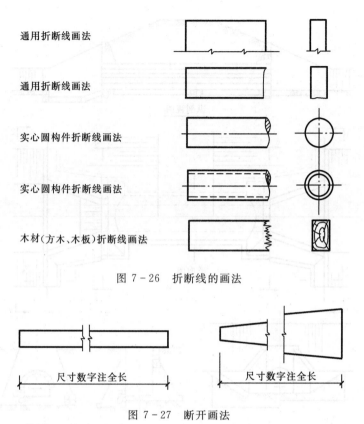

图 7 - 26   折断线的画法

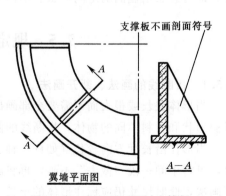

图 7 - 27   断开画法

7.5.2   规定画法

当剖切平面沿纵向通过桩、杆、柱等实心构件，实心闸墩的对称平面或平行薄壁、支撑板的板面剖切时，在该剖视图中，这些构件都按不剖处理，画外形视图，如图 7 - 28 中 A—A 剖视图和图 7 - 29 中 A—A 断面图所示。

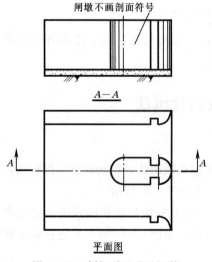

图 7 - 28   剖切平面通过闸墩

图 7 - 29   剖切平面通过支撑板

7.5.3　剖面符号的省略画法

在不致引起误解时，剖面符号可省略，但剖切面的标注必须符合规定。如图 7 - 30 所示，两个移出断面均为省略画法。

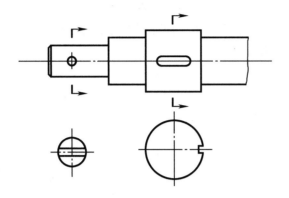

图 7 - 30　剖面符号省略

7.6　第三角投影简介

形体放在第一分角表达的称为第一分角投影法；若将物体置于第三分角内，并使投影面处于观察者与物体之间而得到的多面正投影称为第三角投影（第三角画法），如图 7 - 31 所示，将形体置于第三分角投影体系中。相应的观察方法是人透过投影面看形体，即人首先看到的是投影面，然后才是形体，这样的投影方法称为第三分角投影法。

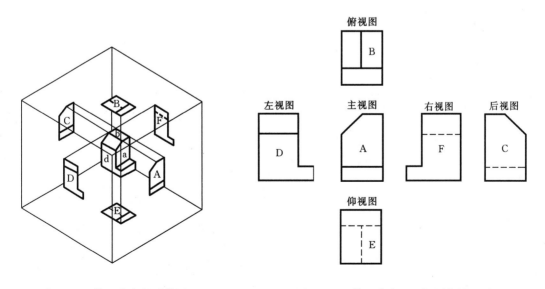

图 7 - 31　第三分角投影体系　　　　图 7 - 32　第三分角六面视图的展开图

第三角投影的展开方式与第一角投影相同，即正立投影面不动，其他投影面依次展开。

将投影面展开后，各视图之间的配置关系如图 7 - 32 所示。基本视图之间的对应关系如下：

　　（1）度量对应关系。各视图之间仍遵守"三等"规律：主、俯、仰、后视图等长；主、左、右、后视图等高；左、右、俯、仰视图等宽。

　　（2）方位对应关系。左、右、俯、仰视图靠近主视图的一侧为物体的前面，而远离主视图的一侧为物体的后面。

第8章 标 高 投 影

水工建筑物修建在地面上，在水利工程的设计和施工中，常需画出地形图，并在图上表示工程建筑物和图解有关问题。由于地面形状不规则，且水平方向尺寸比高度方向尺寸大得多，用多面正投影或轴测图都很难表达清楚。因此，人们在生产实践中总结了一种适合于表达复杂曲面和地面的投影——标高投影。

8.1 标高投影的基本概念

用多面正投影表达物体时，当水平投影确定以后，其他投影主要起提供物体上各特征点、线、面高度的作用。若能在物体的水平投影中直接注明这些特征点、线、面的高度，那么只用一个水平投影也完全可以确定该物体的空间形状和位置。如图8-1所示，正四棱台的投影可以在其水平投影上注出其上、下底面的高程数值2.00m和0.00m，为了增强图形的立体感，斜面上画上示坡线，为度量其水平投影的大小，再给出绘图比例或画出图示比例尺。

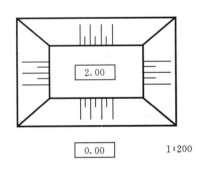

图8-1 四棱台的标高投影

用水平投影加注高程数值来表示空间形体的方法称为标高投影。

标高投影图包括水平投影、高程数值、绘图比例三要素。

标高投影中的高程数值称为高程或标高，它是以选定的基准面作为高程计算基准的，标准规定基准面高程为零，基准面以上高程为正，基准面以下高程为负。在水工图中一般采用与测量一致的标准海平面作为基准面，以此为基准面标出的高程称为绝对高程。以其他面为基准标出的高程称为相对高程。高程的单位是m，在图中一般不需注明。

8.2 点、直线、平面的标高投影

8.2.1 点的标高投影

首先选择水平面H为高程测量的基准面，如图8-2（a）所示，规定其高程为零，点A在H面上方5m，若在A点水平投影的右下角注写其高程数值即a_5，再加上图示比例尺，就得到了A点的标高投影。当高程为正时，可不标"＋"正号；当高程为负时，"－"号必须要标注，如图8-2（b）所示B点在H面之下，所以B点的高程为"－3"，C点在H面上，C点的高程为零。

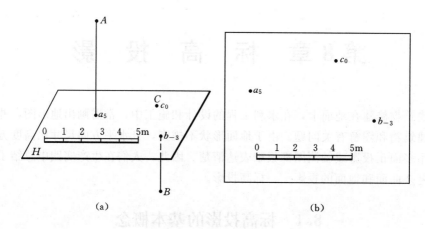

图 8-2　点的标高

(a) 直观图；(b) 点的标高投影

8.2.2　直线的标高投影

1. 直线的表示方法

直线的空间位置可由直线上的两点或直线上的一点及直线的方向来确定。直线在标高投影中也相应有两种表示法：

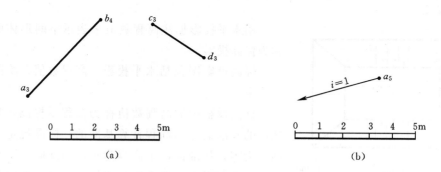

图 8-3　直线在标高投影中的两种表示法

(a) 直线上两点的高程；(b) 直线上一点的高程、坡度和方向

（1）用直线上两点的高程和直线的水平投影表示，如图 8-3（a）所示。

（2）用直线上一点的高程和直线的方向来表示，直线的方向规定用坡度 i 和箭头表示，箭头指向下坡方向，如图 8-3（b）所示。

2. 直线的坡度和平距

直线上任意两点间的高差与其水平投影长度之比称为直线的坡度，用 i 表示。直线两端点 A、B 的高差为 ΔH_{AB}，其水平投影长度为 L_{AB}，直线 AB 对 H 面的倾角为 α，则得：

$$坡度\ i = \frac{高差\ \Delta H}{水平投影距离\ L} = \mathrm{tg}\alpha$$

在以后作图中还常常用到平距，平距用 l 表示。直线的平距是指直线上单位高差对应的水平距离。即 $l = L/\Delta H = 1/i$。当坡度大时，则平距小；坡度小时，则平距大。

由此可见，平距与坡度互为倒数，它们均可反映直线对 H 面的倾斜程度。

3. 直线上高程点的求法

在标高投影中，因直线的坡度是一定的，所以已知直线上任意一点的高程就可以确定该点在标高投影图中的位置。

【例 8-1】 已知直线 AB 的标高投影 $a_{3.5}b_{8.5}$，求直线 AB 上各整数高程点。

分析 因直线的标高投影已知，所以可求出该直线的坡度 i 与平距 l。根据 $i=\Delta H/L$，$l=1/i$；在图中量取 $L_{AB}=10m$，又知 $\Delta H_{AB}=8.5-3.5=5m$，所以，$i_{AB}=\Delta H/L=1/2$，$l_{AB}=2m$，从而求出 $L_{AC}=(4-3.5)\times 2$

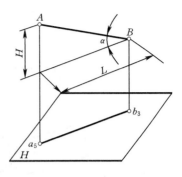

图 8-4 直线的坡度和平距

$=1m$。同理，$L_{CD}=L_{ED}=L_{EF}=L_{FG}=2m$，进而可求得直线上的各整数高程点 C、D、E、F、G。直线段上各整数高程点的标高投影既可用上述计算法求得，也可以用等分标高投影的方法求整数高程点（图略），还可以用图解法求得，如图 8-5（c）所示。图解法解题步骤：

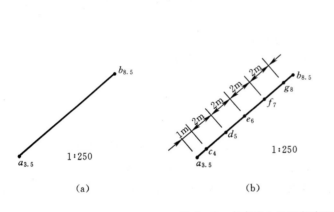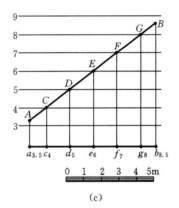

图 8-5 求直线上的整数高程点

(a) 已知条件；(b) 计算法求整数高程点；(c) 图解法求直线上的整数高程点

（1）作一平行于直线 AB 标高投影 $a_{3.5}b_{8.5}$ 的基线（标高为 3m 的直线），基线标高为小于直线 AB 最低端点标高的整数。

（2）利用比例尺，作平行于基线且间距为 1m 的一组平行等高线。

（3）根据直线端点 A、B 的标高，确定其在等高线组中的位置。

（4）连接 A、B 得到 AB 与各等高线的交点，由各交点求得直线上各整数标高点。

8.2.3 平面的标高投影

1. 平面上的等高线和坡度线

平面上的等高线是平面上高程相同点的集合，即是该平面上的水平线，也可以看成是水平面与该面的交线。从图 8-6 中可知平面上的等高线有以下特性：

（1）等高线是直线。

（2）同一平面上的等高线相互平行。

（3）等高线间高差相等时，其水平间距也相等。

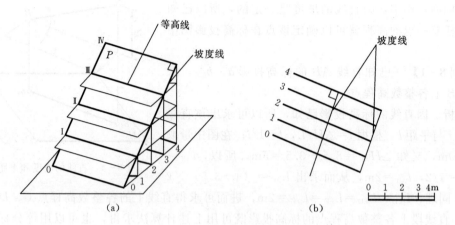

图 8-6 平面的标高投影特性

（a）空间分析；（b）标高投影图

平面上垂直于等高线的直线就是平面上的坡度线，坡度线是平面内相对 H 面的最大斜度的直线，其有以下特性：

（1）同一平面上的坡度线与等高线相互垂直。

（2）平面上坡度线的坡度代表该平面的坡度，坡度线对 H 面的倾角 α 代表该平面相对 H 面的倾角 α。

（3）坡度线的平距就是平面上等高线的平距。

2. 平面的表示方法

在标高投影中，平面用几何元素的标高投影来表示。常用的表示方法是：

（1）用已知平面上的两条等高线表示平面，如图 8-6（b）所示。

因平面上的两条等高线为平行两直线，故可表示平面。根据平面上等高线的特性，可很方便地作出其他高程的等高线。

（2）用平面上的一条等高线和一条坡度线（或两条等高线）来表示平面，如图 8-7（a）所示。

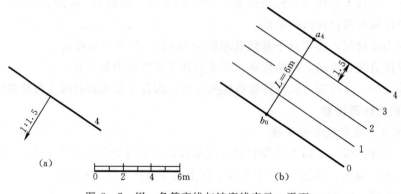

图 8-7 用一条等高线与坡度线表示一平面

（a）已知条件；（b）作图结果

（3）用平面上的一条倾斜直线和平面的坡度及大致坡向来表示平面，如图8-8（a）所示。

3. 平面等高线的求法

【例8-2】 求作已知平面内高程为3、2、1、0m的等高线。如图8-7所示。

分析 首先算出高差为1m的两条等高线之间的水平距离 $L = \Delta H / i = 1.5m$，然后自高程为4m的等高线上一点 a_4 作坡度线，并沿坡度线的下坡方向按照1.5m为间距截取相应各分点，再过各分点作4m等高线的平行线，即为所求。

【例8-3】 已知平面内一条倾斜直线 $a_4 b_0$ 和平面的坡度 $i = 1:1$，其中带箭头双点画线表示平面的大致坡向，试作平面上高程为0、1、2、3m的等高线，并画出示坡线。

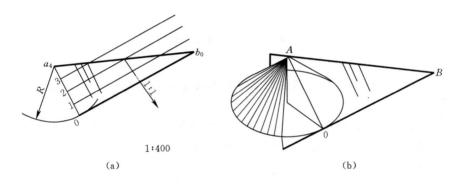

1:400

(a)   (b)

图8-8 一条斜直线与大致坡向表示一平面

(a) 标高投影；(b) 空间分析

分析 求用一条倾斜直线、平面的坡度及大致坡向来表示的平面内的等高线，应先求出该平面上第一条等高线（图8-8中为0m），然后用例8-2的解法作出其他高程的等高线。本题中已知 A 点的高程为4m，B 点的高程为0m，平面的坡度 $i = 1:1$，即平面上坡度线的坡度 $i = 1:1$，但其坡度线的准确方向需待作出平面上的等高线后才能确定，该平面上高程为零的等高线必通过 b_0 点，且 b_0 等高线与 a_4 距离 $L = lH = 1 \times 4 = 4m$。

求作该平面上高程为零的等高线的方法可以理解为：如图8-8（b）图所示，以点 A 为锥顶，作一素线坡度为1:1的正圆锥，此圆锥与高程为零的水平面交于一圆，此圆半径为4m，过 B 点作该圆的切线即为该平面上高程为零的等高线。

作图 以 a_4 为圆心，以 $R = 4m$ 为半径画圆，然后由 b_0 向该圆作切线，即得该平面上高程为零的等高线（注意：在作切线时应根据已知坡向选择作切线的方位）。过 a_4 作零等高线的垂线即为平面的坡度线。然后按上题方法求出高程1、2、3m的等高线。在该坡面上画出与等高线垂直的示坡线。示坡线由长短相间且间距相等的细实线绘制。如图8-8（a）所示。

8.3 平面与平面的交线

在标高投影中，求两平面的交线时，通常采用水平面作为辅助平面。水平辅助面与两个相交平面的截交线是两条相同高程的等高线。由此可得：两平面上同高程等高线的交点就是两平面的共有点。求出两个共有点，就可以确定两平面交线的投影，如图 8 - 9（b）所示。

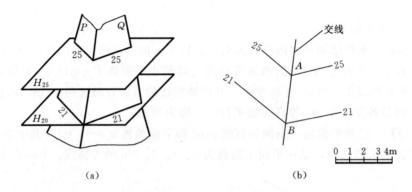

(a)   (b)

图 8 - 9 两平面的交线

(a) 空间分析；(b) 交线的标高投影

在实际工程中，把建筑物两坡面的交线称为坡面交线，坡面与地面的交线称为坡脚线（填方边界线）或开挖线（挖方边界线）。

【例 8 - 4】 已知地面高程为 10m，基坑底面高程为 6m，坑底的大小形状和各坡面坡度已知，见图 8 - 10（a）。完成基坑开挖后的标高投影图。

分析 本题需求两类交线：

(1) 开挖线，即各坡面与地面的交线。因地面是水平面，故交线是各坡面上高程为 10m 的等高线，共五条开挖线。因各坡面都是用一条等高线和一条坡度线来表示的，所以求作开挖线只需沿坡度线按图 8 - 7 所示的方法求得坡度线上高程 10m 的点，然后作已知等高线的平行线即可得到每一坡面上的开挖线。

(2) 坡面交线，即相邻坡面的交线。它是相邻两坡面上两组同高程等高线的交点的连线，共五条坡面交线。

作图过程，如图 8 - 10 所示。其中：先进行空间分析，如图 8 - 10（b）所示；然后绘制开挖线，如图 8 - 10（c）所示；最后画坡面交线，给制示波线，完成作图，如图 8 - 10（d）所示。

【例 8 - 5】 在高程为零的地面上修建一平台，平台顶面高程为 4m，平台顶到地面有一斜坡引道，平台的坡面以及斜坡引道两侧的坡度均为 1∶1，斜坡道顶面坡度为 1∶3.5，具体见图 8 - 11（a）。试完成平台和斜坡道的标高投影图。

分析 本题需求两类交线：

(1) 坡脚线：即各坡面与地面的交线，它是各坡面上高程为零的等高线，其中平台坡面和斜坡道顶面是用一条等高线和一条坡度线来表示的；斜坡道两侧是用一条倾斜直线和平面的坡度及大致坡向来表示的。其坡面上零高程等高线分别可用前述例 8 - 2、例 8 - 3 相应的方法求作。

(2) 坡面交线：即斜坡道两侧坡面与平台边坡的交线，共两条坡面交线。

作图过程如下：先进行空间分析，见图 8 - 11（b）；然后求作坡脚线，见图 8 - 11（c）；最后画出坡面交线与示坡线，完成作图，见图 8 - 11（d）。

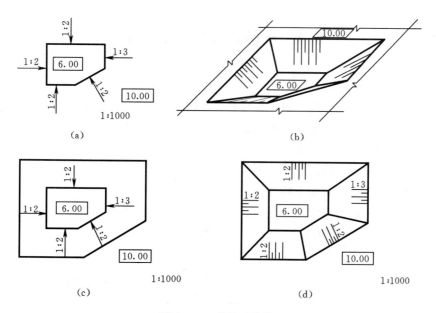

图 8-10 基坑开挖线

(a) 已知条件；(b) 空间分析；(c) 先求作开挖线；

(d) 画坡面交线，绘制示坡线，完成作图

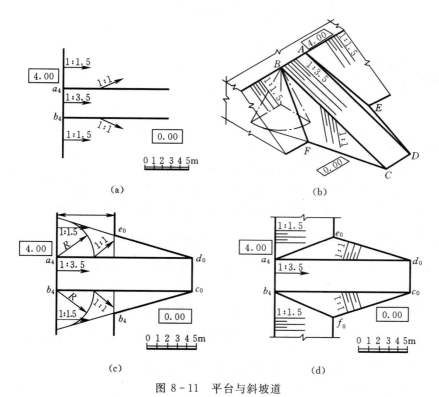

图 8-11 平台与斜坡道

(a) 已知条件；(b) 空间分析；(c) 先求作坡脚线；(d) 画出坡面交线与示坡线，完成作图

145

8.4　正圆锥面的标高投影

8.4.1　正圆锥面的表示法

正圆锥面的标高投影是用一组等高线和坡度线来表示的。正圆锥面的素线是锥面上的坡度线，所有素线的坡度都相等。正圆锥面上的等高线即圆锥面上高程相同点的集合，用一系列等高差水平面与圆锥面相交即得，是一组水平圆。将这些水平圆向水平面投影并注上相应的高程，就得到锥面的标高投影。

正圆锥面上的等高线有如下特性：

（1）同一锥面上的等高线是一组同心圆，如图 8-12（a）和图 8-12（b）所示。

（2）高差相等时等高线间的水平距离相等，如图 8-12（a）和图 8-12（b）所示。

（3）当圆锥面正立时，等高线越靠近圆心其高程数值越大，如图 8-12（a）所示；当圆锥面倒立时，等高线越靠近圆心其高程数值越小，如图 8-12（b）所示。

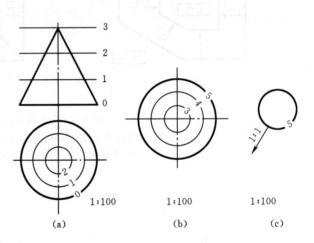

图 8-12　正园锥面的标高投影
(a) 正立圆锥面上的等高线；(b) 倒圆锥；(c) 圆锥台

8.4.2　正圆锥面与平面的交线

【例 8-6】　在一斜坡平面上修建一高程为 8m 的平台，见图 8-13（a），斜坡平面用该平面上的一组等高线表示。平台填方坡面和挖方坡面的坡度 i 均为 1：0.5，求填挖边界线和坡面交线。

分析　由图 8-13 可知，因平台高程为 8m，必与斜坡面等高线 8m 相交于 a_8、b_8 两点，以此等高线为界，左边为填方，右侧为挖方，点 a_8、b_8 称为填挖分界点。

（1）求开挖线。开挖时，坡面为倒圆锥面，该圆锥锥顶位于 O 点处，倒圆锥面上的等高线的标高投影为以 O 为圆心的同心圆，各圆间的平距为 $l_1 = \Delta R = \dfrac{1}{1/0.5} = 0.5\text{m}$，各圆的半径分别为（$R+nl_1$），作圆弧后，分别与同高程的斜坡平面等高线相交，将所得交点连成光滑曲线，即开挖线。

（2）求坡脚线。填方时，填方坡面为平面，该坡面与斜坡平面的交线为直线。以 $l_2 = \dfrac{1}{1/0.5} = 0.5\text{m}$ 为两相邻等高线间的平距，分别作出高程为 7、6、5、4m 的等高线，各等高线分别与同高程的斜坡平面等高线相交，将所得交点连成直线即坡脚线。

（3）求坡面间的交线。因三个填方坡面的坡度相等，则坡面交线为两相交等高线的角平分线。

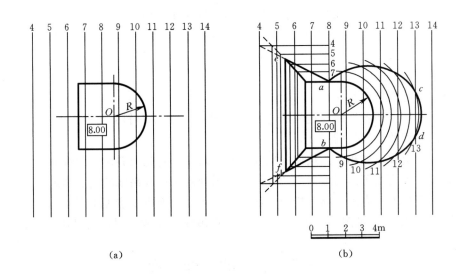

(a)　　　　　　　　　　　　　(b)

图 8-13　平台填挖边界线及坡面交线

图 8-13（b）中，e、f 点分别为斜坡平面与两个填方坡面的三面共点，将 e、f 两点连成直线，该直线为左侧填方坡面的坡脚线。e、f 两点是将角平分线、两侧的填方边界

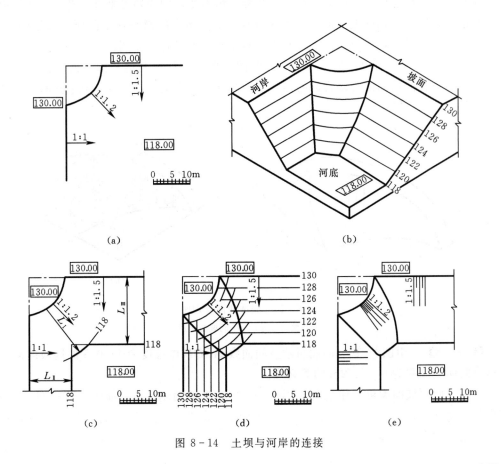

(a)　　　　　　　　　　　　　　　(b)

(c)　　　　　　　　(d)　　　　　　　　(e)

图 8-14　土坝与河岸的连接

147

线延长后相交而得到的，这种方法在后续作图中可能还会用到。

【例 8 - 7】 在土坝与河岸的连接处，常用圆锥面护坡。已知各坡面坡度，河底高程为 118.00m。河岸、土坝和圆锥台顶面高程为 130.00m，具体见图 8 - 14（a）。求填方坡面的边界线和坡面交线。

分析 本题需求两类交线：

（1）坡脚线。即各坡面与地面的交线（坡脚线），其中两斜面与河底面的交线是直线，圆锥面与河底面的交线是圆弧线；

（2）坡面交线。即相邻两坡面的交线，共有两条，它是两斜面与圆锥面的交线，是非圆平面曲线，该曲线可由斜坡面与圆锥面上一系列同高程等高线的交点确定。

作图过程如下：先画空间分析图，如图 8 - 14（b）所示；然后作坡脚线，见图 8 - 14（c）；再作坡面交线，见图 8 - 14（d）；最后画出坡线，完成作图，见图 8 - 14（e）。

8.5 同 坡 曲 面

图 8 - 15（a）图所示为一弯曲斜坡道，它的两侧边坡是曲面，曲面上任何地方的坡度都相同。这种曲面称为同坡曲面，它的形成方法如图 8 - 15（b）所示：正圆锥的锥顶沿空间曲导线 AB 运动，在运动过程中，圆锥顶角不变，轴线始终垂直水平面，则所有这些正圆锥的包络面就是同坡曲面。因为这个曲面上每条素线都是这个曲面与圆锥的切线，也是圆锥面上的素线，所以曲面上所有素线对水平面的倾角都相同。

从图 8 - 15（b）可以看出，同一高程的同坡曲面上的等高线和圆锥面上的等高线一定相切，切点在同坡曲面与圆锥面的切线上。同坡曲面上的等高线就是利用这种关系画出来的。

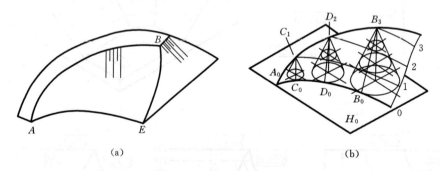

(a)　　　　　　　　　　　　　　　(b)

图 8 - 15　同坡曲面直观图

（a）弯曲斜坡道；（b）同坡曲面形成

【例 8 - 8】 由图 8 - 16（a）图所示空间曲线 $ACDB$ 作坡度为 1：0.5 的同坡曲面，画出这个曲面上高程为 0、1、2m 的等高线。

分析 此同坡曲面可看作是图 8 - 16（a）中弯道的内侧边坡。如图 8 - 16（b）所示，作出各顶点处圆锥面上高程为 0、1、2m 的底面圆等高线，公切于同高程水平圆的曲线，就是同坡曲面上的等高线。

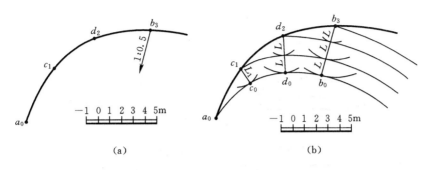

图 8-16　同坡曲面的等高线

（a）空间图；（b）等高线图

8.6　地形面的标高投影

8.6.1　地形面的表示法

如图 8-17 所示，假想用水平面 H 截切小山丘，可以得到一条形状不规则的曲线，因为这条曲线上每个点的高程都相等，所以称为等高线。水面与池塘岸边的交线也是地形面上的一条等高线。如果用一组高差相等的水平面截切地形面，就可以得到一组高程不同的等高线。画出这些等高线的水平投影，并注明每条等高线的高程和画图比例，就得到地形面的标高投影，这种图称为地形图，地形面上等高线高程数字的字头按规定指向上坡方向。相邻等高线之间的高差称等高距，图中的等高距为 1m。

图 8-18 所示的地形面，初看起来和图 8-17 相似，但图 8-17 中地形等高线的高程是外边低，中间高；而图 8-18（a）中地形等高线的高程却是外边高，中间低，所以它表示的不是小山丘，而是凹地。

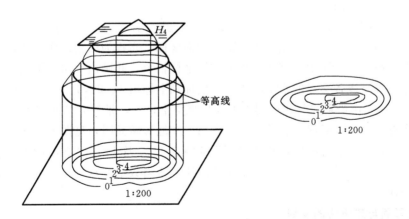

图 8-17　小山丘的标高投影

用这种方法表示地形面，能够清楚地反映出地形面的形状，地势的起伏变化，以及坡向等。如图 8-18（b）图中环状等高线中间高，四周底，表示一山头；右上角等高线较密集，平距小，表示地势陡峭；图的下方等高线平距较大，表示地势平坦，坡向是上边高

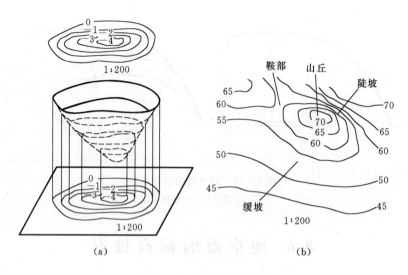

图 8-18 凹地与地形图

(a) 凹地；(b) 地形图

下边低。本图等高距为 5m。

从图 8-18 (b) 中可看出地形图上的等高线有以下特性：

(1) 等高线是封闭的不规则曲线。

(2) 一般情况下（除悬崖、峭壁等特殊地形外），相邻等高线不相交、不重合。

(3) 在同一张地形图中，等高线越密集表示该处地面坡度越陡，等高线越稀疏表示该处地面坡度越缓。

8.6.2 地形断面图

用一铅垂面 $A—A$ 剖切地形面，画出剖切平面与地形面的交线及材料图例，这样所得的图形称为地形断面图。

作图过程：剖切平面 $A—A$ 与地形面相交，其与各等高线的交点为 1，2，3，…，14。在图纸的适当位置以各交点的水平距离为横坐标，高程为纵坐标作一直角坐标系，根据地形图上的高差，按图中比例将高程标在纵坐标轴上，并画出一组水平线，根据地形图中剖切平面与等高线各交点的水平距离在横坐标轴上标出 1、2、3、…、14 点，然后自点 1、2、3、…、14 作铅垂线与相应的水平线相交得 Ⅰ，Ⅱ，Ⅲ 等，依次光滑连接各点，即得该断面实形，再画出断面材料符号，即得 $A—A$ 地形断面图，见图 8-19 (b)。

应当注意，在连点过程中，相邻同高程的两点 4、5 及 11、12 在断面图中不能直接连为直线，而应采用内插等高线的方法求作断面线上适当数量的点，然后按该段地形的变化趋势光滑相连。

8.6.3 地形面与建筑物的交线

修建在地形面上的建筑物必然与地面产生交线，即坡脚线（或挖方边界线、填方边界线），建筑物本身相邻的坡面也会产生坡面交线。

如果建筑物表面是平面或圆锥面，那么建筑物的坡面等高线是直线和圆弧线，作建筑物不同表面上同一高程的等高线的交点，顺序连结各点即可得坡面交线。可见例 8-7。

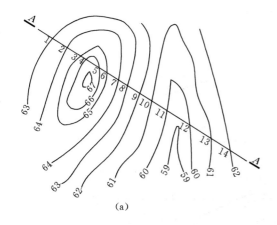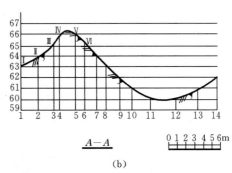

(a)　　　　　　　　　　　　　(b)

图 8-19　地形断面图的画法

(a) 地形图；(b) 地形断面图

建筑物上坡面与地形面的交线，即坡脚线（或挖方边界线、填方边界线）则是不规则曲线，需作建筑物表面上等高线与地形等高线同一高程的交点，求出交线上一系列的点再连线获得。

求作一系列点的方法有两种：

（1）等高线法。适用于地形等高线与建筑物坡面上同高程等高线的夹角较大情况。

（2）断面法。适用于地形等高线与建筑物坡面上同高程等高线近乎平行，用等高线法不易求得交点的情况。

【例 8-9】　已知土坝标准断面图、地形等高线图及坝轴线位置，试完成土坝平面图。如图 8-20 (a) 和图 8-20 (b) 所示。

分析与作图

（1）画坝顶。坝顶宽 8m，可自坝轴线向两侧各量 4m，作坝轴线的平行线，得坝顶的边线。

（2）定马道位置。在下游有高程为 35m 的马道，其上部坡度为 1:2.5，坝顶边线至马道的水平距离为 $L_1 = \dfrac{47-35}{1/2.5} = 30$m，画直线 ab 且平行坝顶边线，得马道的内侧边线；再量取 2m 的宽度，画出马道的侧边线 cd。马道是高程 35 的水平面，它与地面的交线是地面上高程 35m 的一段等高线 ac、bd。

（3）求坝坡坡脚线。坝坡面与地面的交线是曲线，需找出交线上的若干点，顺序连接即得坡脚线。

下游坝坡面中，马道以上的坡度为 1:2.5 马道高程为基准，分别算出高差为 5m 时坡面各等高线距坝顶边线的水平距离为 5m 和 17.5m，并作为坝顶边线平行的坝坡等高线；各等高线与同高程的地面等高线相交，交点为坡脚线上的点，顺序连接为 afe 和 bgh 曲线等。马道以下的坡度 1:3，以马道高程为基准，分别算出高差为 5m 时坡面各等高线距马道外侧边线 cd 的水平距离为 15m 和 30m，并作与马道外侧边线 cd 平行的坝坡等高线；各等高线与同高程的地面等高线相交，交点为坡脚上的点，顺序连接为

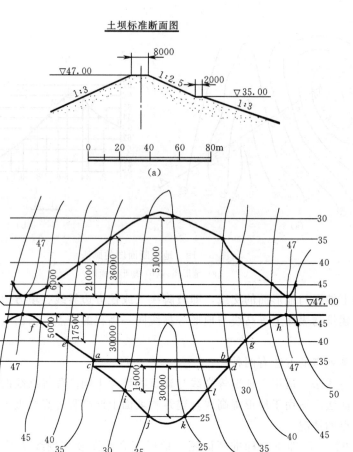

图 8 - 20　作土坝平面图

cijkld 曲线。

　　对于上游坡面，作图方法与上述相同，不再叙述，图中标注了坡面各等高线距坝顶边线的水平距离，供阅读。

　　【例 8 - 10】　　在山坡上修一个水平场地，场地高程为 30m，其中填方边坡坡度为 1：1.5，挖方边坡坡度为 1：1，如图 8 - 21（a）所示。试完成该场地的平面图。

　　分析　　因为所修水平广场高程为 30m，图形上方部分低于原地面需要挖，图形下方部分高于原地面需要填。高程为 30m 的等高线是填、挖方的分界线，它与水平场地边线的交点是填、挖方边界线的分界点，其中填方部分包括三个坡面，都是平面；挖方部分是一个圆锥面和两个与它相切的平面的组合面（因坡度相同）。这些面与不规则地面的交线均为不规则曲线。填方部分的三个坡面相交产生两条坡面交线，挖方部分坡面与圆锥面相切，不产生坡面交线，如图 8 - 21（b）所示。

　　【例 8 - 11】　　在地面上修建一条道路，已知路面位置和道路填、挖方的标准断面图，试完成道路的标高投影图。如图 8 - 22 所示。

　　分析　　因该路面高程为 40m，所以地面高程高于 40m 的一端要挖方，低于 40m 的一

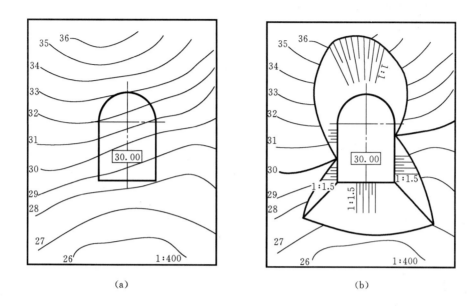

(a)   (b)

图 8-21 求图示平台的开挖线和填方边界线

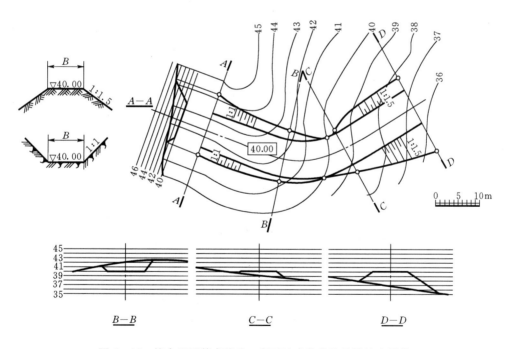

B—B   C—C   D—D

图 8-22 综合运用等高线法、断面法求作道路的填挖边界线

端要填方,高程为 40m 的地形等高线是填、挖方分界线。道路两侧的直线段边坡面为平面,其中间部分的弯道段边坡面为圆锥面,二者相切而连,无坡面交线。各坡面与地面的交线均为不规则的曲线。本例图左边有一段道路坡面上的等高线与地面上的部分等高线接近平行,不易求出共有点,这段交线用断面法来求作比较合适。其他处交线仍用等高线

法求作（也可用断面法）。作图过程如下：

（1）求坡脚线。

（2）求开挖线。

（3）画出各坡面上的示坡线，加深完成作图。

第9章 水利工程图

在前面有关章节中，讲述了关于表达物体的形状、大小、结构的基本图示原理和方法。本章将进一步研究如何运用这些基本图示原理和方法，结合水工建筑物的特点来绘制和阅读水利工程图。

9.1 水工图的特点和分类

9.1.1 水工图的特点

水利工程图是表达水工建筑物及其施工过程的图样，简称为水工图。

水工图与机械图相比，虽然画图的基本原理是相同的，但是也有很多不同的地方，主要是由于水工建筑物（如拦河坝、水闸、船闸、水电站、抽水站等）与机器相比有以下几个特点：

（1）水工建筑物的形体都比较庞大，比一般的机器要大得多，其水平方向尺寸与铅垂方向尺寸相差也较大。

（2）水工建筑物都建造在地面上，而且下部结构都是埋在地下的，它是由下而上分层施工构成一个整体，不像机器那样由许多零、部件装配而成。

（3）水工建筑物总是与水密切相关，因而处处都要考虑到水的问题。

（4）水工建筑物所用的建筑材料种类繁多。

由于水工建筑物有上述这些特点，因此，在水工图中必然有所反映，在绘图比例、图线、尺寸标注、视图的表达和配置等方面与机械图相比都有所不同。学习水工图必须了解并掌握水工图的特点和表达方法。

9.1.2 水工图的一般分类

水利工程的兴建一般需要经过勘测、规划、设计、施工和验收等五个阶段。各个阶段都要绘制相应的图样，不同阶段对图样有不同的要求。勘测阶段有地形图和工程地质图（由工程测量和工程地质课程介绍）；规划阶段有规划图；设计阶段有枢纽布置图和建筑物结构图；施工阶段有施工图；验收阶段有竣工图等。下面介绍几种常见的水工图样。

1. 规划图

用来表达对水力资源综合开发全面规划意图的图样称为规划图。按照水利工程的范围大小，规划图有流域规划图、水力资源综合利用规划图、地区或灌区规划图等。

规划图通常是绘制在地形图上，采用符号图例示意的方式表明整个工程的布局、位置和受益面积等项内容，是一种示意性的图样，图9-1为某水库灌区规划图。这张规划图就用符号、图例、以示意的方法表示整个工程布局、各主要建筑物位置、沿途灌溉区域的范围等，它反映了整个工程的概貌。至于各个建筑物的形状、结构、尺寸和材料等，在规划图中是不可能也无必要将其表达清楚的。

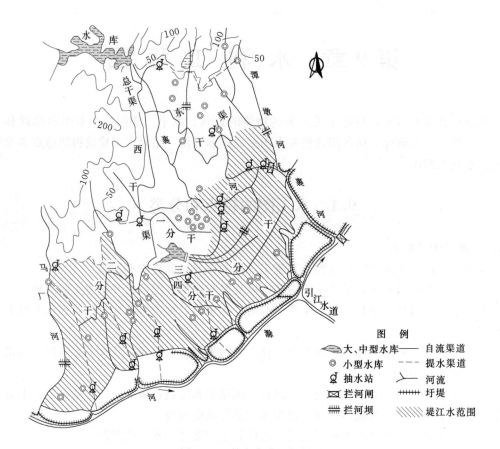

图例

- 大、中型水库 —— 自流渠道
- ◎ 小型水库 --- 提水渠道
- ✕ 抽水站 ⚊ 河流
- ⊠ 拦河闸 ┼┼┼ 圩堤
- ▤ 拦河坝 ▨ 堤江水范围

图 9-1　某水库灌区规划图

2. 枢纽布置图

在水利工程中，由几个水工建筑物有机组合，互相协同工作的综合体称为水利枢纽。兴建水利枢纽由于目的和用途的不同，所以类型也较多，有水库枢纽、取水枢纽和闸、站枢纽等多种。将整个水利枢纽的主要建筑物的平面图形画在地形图上，这样所得的图形称为水利枢纽布置图，图 9-25 是某水库枢纽布置图。

枢纽布置图一般包括下列主要内容：

（1）表明水利枢纽所在地区的地形、地物、河流及水流方向（用箭头表示）、地理方位（用指北针表示）等。

（2）表明组成枢纽各建筑物的平面形状及其相互位置关系。

（3）表明各建筑物与地形面的交线和填挖方的边坡线。

（4）表明各建筑物的主要高程和主要轮廓尺寸。

枢纽布置图主要是用来说明各建筑图的平面布置情况，作为各建筑物定位、施工放样、土石方施工以及绘制施工总平面图的依据，因此对各建筑物的细部形状既无必要也不可能表达清楚的。

3. 建筑物结构图

用来表示水利枢纽或单个建筑物的形状、大小、结构和材料等内容的图样称为建筑物结构图有图 9－23 所示的砌石坝设计图、图 9－24 所示的渡槽设计图和图 9－27 所示的水闸设计图等。

建筑物结构图一般包括下列主要内容：

（1）表明建筑物整体和各组成部分的详细形状、大小、结构和所用材料。

（2）表明建筑物基础的地质情况及建筑物与地基的连接方法。

（3）表明该建筑物与相邻建筑物的连接情况。

（4）表明建筑物的工作条件，如上、下游各种设计水位高程、水面曲线等。

（5）表明建筑物细部构造的情况和附属设备的位置。

4. 施工图

按照设计要求，用来指导施工的图样称为施工图。它主要表达水利工程施工过程中的施工组织、施工程序、施工方法等内容。如施工场地布置图、建筑物基础开挖图、大体积混凝土分块浇筑图以及表示建筑物内部钢筋配置、用量、连接的钢筋图等。

5. 竣工图

工程验收时，应根据建筑物建成后的实际情况，绘制建筑物的竣工图。竣工图应详细记载建筑物在施工过程中经过修改后的有关情况，以便汇集资料、交流经验、存档查阅以及供工程管理之用。

9.2 水工图的表达方法

9.2.1 基本表达方法

1. 视图（包括剖视图、断面图）的名称和作用

（1）平面图。俯视图一般称为平面图。平面图视其内容和要求的不同，有表达单个建筑物的平面图，也有表达水利枢纽的总平面图。以单个建筑物的平面图来说，它主要表明建筑物的平面布置、水平投影的形状、大小和各组成部分的相互位置关系，还表明建筑物主要部位的高程，剖视和断面的剖切位置、投影方向等。

（2）剖视图。水工图上常见的剖视图有采用单一剖切平面沿建筑物长度方向中心线剖切而得的全剖视图，配置在主视图的位置，习惯上把它称为纵剖视图。其他还有剖切平面与中心线垂直采用阶梯剖而得的全剖视图。剖视图主要是表明建筑物内部结构的形状，建筑材料以及相互位置关系；还表明建筑物主要部位的高程和主要水位的高程等。

（3）立面图。主视图、左视图、右视图、后视图一般称为立面图。立面图的名称与水流有关，视向顺水流方向观察建筑物所得的视图，称为上游立面图；视向逆水流方向观察建筑物所得的视图，称为下游立面图。上、下游立面图为水工图中常见的两个立面图，主要用来表达建筑物的外部形状。

（4）断面图。断面图主要是为了表达建筑物某一组成部分的断面形状和所采用的建筑材料。

（5）详图（局部放大图）。当建筑物的局部结构由于图形的比例较小而表达不清楚或不便于标注尺寸时，可将这些局部结构用大于原图所采用的比例画出，这种图形称为详图，如图 9－2 所示。

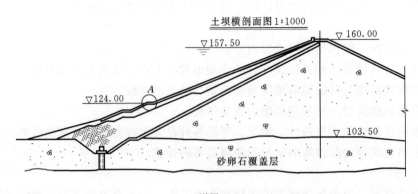

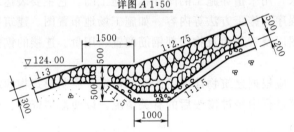

图 9 - 2 详图的画法

详图可以画成视图、剖视图、断面图，它与被放大部分的表达方式无关。

详图一般应标注，其形式为：在被放大部分用细实线画小圆圈，并标注字母；详图用相同字母标注其图名，并注写比例，如图 9 - 2 所示。

2. 视图的选择及配置

（1）主要视图的选择及配置。在水工图中，因为平面图反映建筑物的平面布置和水平投影的形状以及与地面相交等情况，所以平面图是一个比较重要的视图。平面图应按投影关系配置在主视图的下方。对于挡水坝、水电站等建筑物的平面图，常把水流方向选为自上向下，并用箭头表示水流方向，如图 9 - 3 所示；对于水闸、涵洞、溢洪道等过水建筑物的平面图则常把水流方向选为自左向右。为了区分河流的左岸和右岸，SL 73—95《水利水电工程制图标准》规定：视向顺水流方向，左边称为左岸，右边称为右岸。

图样中表示水流方向的符号，根据需要可按图 9 - 4 所示的三种形式绘制。枢纽布置图中的指北针符号，根据需要可按图 9 - 5（a）所示的两种形式绘制，其位置一般画在图形的左上角，必要时也可以画在右上角，箭头指向正北。

一个建筑物的各个视图应尽可能按投影关系配置。由于建筑物的大小不同，为了合理利用图幅，允许将某些视图配置在图幅的适当地方。对大型或较复杂的建筑物，因受图纸幅面的限制，也可将每个视图分别画在单独的图纸上。

（2）视图名称的标注。为了明确各视图之间的关系，通常都将每个视图的名称和比例标明出来。图名一般写在图形的上方（尽可能居中），并在图名的下面画一条粗实线和一条细实线，比例注写在图名的附近，形式如下：

平面图 1：200 或 平 面 图
1：200

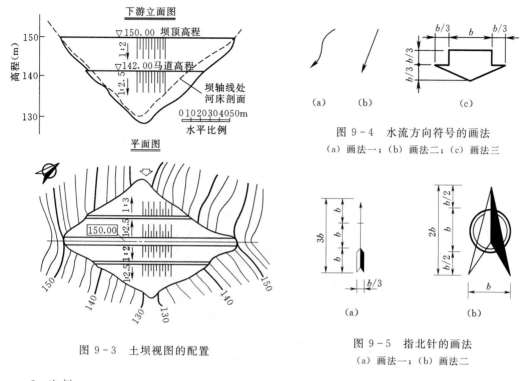

图 9-4　水流方向符号的画法
(a) 画法一；(b) 画法二；(c) 画法三

图 9-3　土坝视图的配置

图 9-5　指北针的画法
(a) 画法一；(b) 画法二

3．比例

由于水工建筑物一般都比较庞大，所以水工图通常都采用缩小的比例。制图时比例大小的选择要根据工程各阶段对制图的要求、建筑物的大小以及图样的种类和用途来决定。

现将各种水工图一般采用的比例介绍如下：

规划图	1∶2000～1∶10000
枢纽布置图	1∶200～1∶5000
建筑物结构图	1∶50～1∶500
详图	1∶5～1∶50

为了便于画图和读图，建筑物同一部分的几个视图应尽可能地采用同一的比例。在特殊情况下，允许在同一视图中的铅垂和水平两个方向采用不同的比例。如图 9-3 所示，土坝长度和高度两个方向的尺寸相差较大，所以在下游立面图上，其高度方向采用的比例较长度方向大。显然，这种视图是不能反映建筑物的真实形状的。

4．图线

水利工程有它的特点，绘制水工图样时，应根据不同的用途，采用水利电力部颁布的 SL 73—95《水利水电工程制图标准》中规定的图线，必要时可以将图样中主要的图线画粗些，次要的画细些，使所表示的结构重点突出，主次分明。

9.2.2　特殊表达方法

(1) 合成视图。两个视向相反的视图（或剖视图），如果它们本身都是对称的话，则可采用各画一半的合成视图，中间用点画线分界，并分别标注图名。图 9-27 所示的水闸设计图中的上游半立面图和下游半立面图便是合成视图。

（2）展开画法。当构件或建筑物的轴线（或中心线）为曲线时，可以将曲线展开成直线后，绘制成视图、剖视图和断面图。这时，应在图名后注写"展开"二字，或写成展开图。图 9-6 所示为展开图。

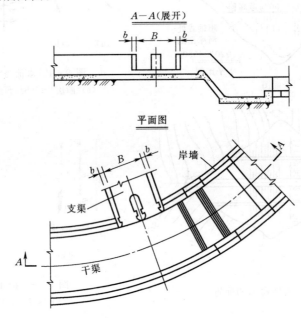

图 9-6　展开画法

（3）省略画法。当图形对称时，可以只画对称的一半，但须在对称线上加注对称符号，即在对称线两端画两条与其垂直的平行细实线。图 9-7 为涵洞平面图。

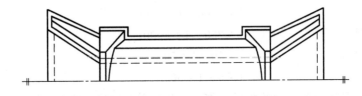

图 9-7　涵洞平面图的省略画法

在不影响图样表达的情况下，根据不同设计阶段和实际需要，视图和剖视图中某些次要结构和附属设备可以省略不画，如画水闸的总体布置图时，常把工作桥上闸门启闭机省略不画。

（4）拆卸画法。当视图、剖视图中所要表达的结构被另外的结构或填土遮挡时，可假想将其拆掉或掀掉，然后再进行投影，图 9-8 所示的水闸的平面图中，对称中心线的后半部桥面板及胸墙被假想拆卸，填土被假想掀掉。

（5）分层画法。当结构有层次时，可将其构造层次分层绘制，相邻层用波浪线分界，并用文字注写各层结构的名称，如图 9-9 所示。

（6）连接画法。当图形较长，允许将其分成两部分绘制，再用连接符号表示相连，并用大写字母编号，图 9-10 为土坝的立面图的连接画法。

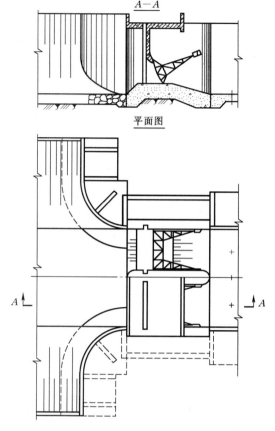

图 9-8 水闸平面图中的拆卸画法

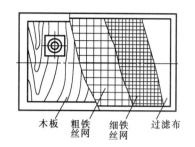

图 9-9 真空模板平面图的分层画法

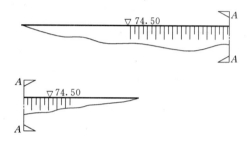

图 9-10 土坝立面图的连接画法

（7）简化画法。对于图样中的一些细小结构，当其成规律地分布时，可以简化绘制，图 9-27 所示的水闸设计图中，消力池底板上的冒水孔，在平面图上反映其分布情况，只画出其中少数几个，其余用符号"＋"表示它的位置并用尺寸及文字注明其分布情况。

当视图的比例较小，使某些细部结构在图中不能详细表达清楚时，也可以简化绘制，并在图中注明结构名称，图 9-27 水闸设计图中，桥上的铁栏杆结构用单线条表示就是采用了简化画法。

（8）水工建筑物平面图例。在规划示意图上，各个建筑物是采用符号和平面图例来表达的。现将水利工程图中常见的水工建筑物平面图例列表 9-1 中。

表 9-1　　　　　　　　常见水工建筑物平面图例

序号	名　　称		图　　例	序号	名　　称	图　　例
1	水库	大型		2	混凝土坝	
		小型		3	土石坝	

续表

序号	名　　称		图　　例	序号	名　　称		图　　例
4	闸			16	溢洪道		
5	堤			17	渡槽		
6	防浪堤	直墙式		18	隧洞		
		斜坡式		19	涵洞（管）		（大） （小）
7	水电站	大比例尺		20	虹吸		（大） （小）
		小比例尺		21	跌水		
8	变电站			22	斗门		
9	泵站			23	沟	明沟	
						暗沟	
10	水文站			24	喷灌		
11	水位站			25	灌区		
12	船闸			26	淤区		
13	升船机			27	分（蓄）洪区		
14	渠道			28	沉沙池		
15	鱼道						

　＊　为水闸通用符号，当需区别类型时，可标注文字，如：分洪闸　进水闸。

　＊＊　为泵站通用符号，当需区别类型时，可标注文字，如：水轮泵站。

9.2.3 曲面和坡面的表示法

水工建筑物中常见的曲面有柱面、锥面、渐变面、和扭面等。为了使图样表达得更清楚，往往在这些表面上画出一系列的素线或示坡线，以增强立体感，便于读图。

1. 柱面

在水工图中，常在柱面上加绘素线。这种素线应根据其正投影特征画出。假定圆柱轴线平行于正面，若选择均匀分布在圆柱面上的素线，则正面投影中，素线的间距是疏密不匀的；越靠近轮廓素线越稠密，越靠近轴线，素线越稀疏，如图 9-11（a）所示。

有些建筑物上常常采用斜椭圆柱面，其投影如图 9-11（b）所示。图 9-11（c）表示一个闸墩，其左端为斜椭圆柱面的一半，右端为正圆柱面的一半。

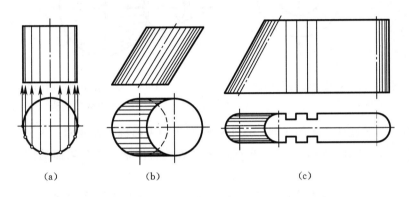

图 9-11 柱面素线的画法

(a) 柱面；(b) 斜椭圆；(c) 闸墩

2. 锥面

在圆锥面上加绘示坡线或素线时，其示坡线或素线一定要经过圆锥顶点投影，如图 9-12所示。

工程上还常常采用斜椭圆锥面，如图 9-13 所示，O_1 为底圆周中心，S 为圆锥顶点，圆心连 SO_1 倾斜于底面。

图 9-13 的主视图和左视图都是三角形（包括被截去的顶部），其两腰是斜椭圆锥轮廓素线的投影，三角形的底边是斜椭圆锥底面的投影，具有积聚性。

俯视图是一个圆以及与圆相切的相交二直线段（包括被截去的顶部），圆周反映斜椭圆锥底面的实形，相交二直线是俯视方向的轮廓素线的投影。

若用平行于斜椭圆锥底面的平面 P 截断斜椭圆锥，则截交线为一个圆，俯视图上反映截交线圆的实形。为了求得截交线的投影，可先在主视图上找到截平面与椭圆锥轮廓素线投影的交点 a' 和 b'，$a'b'$ 就是截交线圆的正面投影（该投影积聚一直线），$a'b'$ 之长等于截交线圆的直径。$a'b'$ 与斜椭圆锥圆心连线 $S'O_1'$ 的交点 O' 就是截交线圆的圆心的正面投影。用长对正的关系，可以在俯视图上作出截交线圆的实形，见图 9-13。

3. 渐变面

在水利工程中，很多地方要用到输水隧洞，隧洞的断面一般是圆形的，而安装闸门的部分却需做成长方形断面。为了使水流平顺，在长方形断面和圆形断面之间，要有一个使

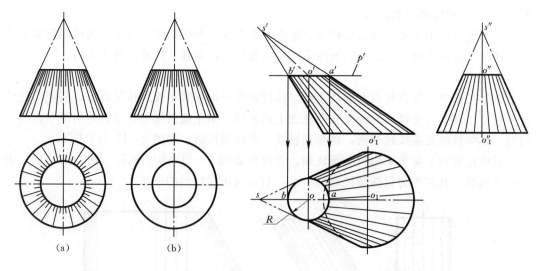

图 9-12　圆锥面的示坡线和素线的画法　　　　图 9-13　斜椭圆锥面的形成
(a) 示坡线；(b) 素线　　　　　　　　　　　　　　和素线的画法

方洞逐变为圆洞的逐渐变化的表面，这个逐渐变化的表面称为渐变面。人们把渐变面的内表面画成单线图，见图 9-14 (a)。单线图是只表达物体某一部分表面的形状、大小而无厚度的图样。

图 9-14 (a) 是上述渐变面的三视图；图 9-14 (b) 为渐变面的立体图。渐变面的表面是由四个三角形平面和四个部分的斜椭圆锥面所组成。长方形的四个顶点就是四个斜椭圆锥的顶点，圆周的四段圆弧就是斜椭圆锥的底圆（底圆平面平行侧面）。四个三角形平面与四个斜椭圆锥面平滑相切。

表达渐变面时，图上除了画出表面的轮廓形状外，还要用细实线画出平面与斜椭圆锥面分界线（切线）的投影。分界线在主视图和俯视图上的投影是与斜椭圆锥的圆心连接的投影恰恰重合。为了更形象地表示渐变面，三个视图的锥面部分还需画出素线，见图 9-14 (a)。

在设计和施工中，还要求作出渐变面任意位置的断面图。图 9-14 (a) 主视图中 A—A 剖切线表示用一个平行于侧面的剖切平面截断渐变面。断面的高为 H，如主视图中所示；断面的宽度为 Y，如俯视图中所示。断面图的基本形状是一个高为 H，宽为 Y 的长方形。因为剖切平面截断四个斜椭圆锥面，所以断面图的四个角不是直角而是圆弧。圆弧的圆心位置就在截平面与圆心连线的交点上，因此，圆弧的半径可由 A—A 截断素线处量得，其值 R，如图 9-14 (a) 中的主视图所示。将四个角圆弧画出后，即得 A—A 断面图，如图 9-14 (c) 所示。必须注意，不要把此图看成是一个面，而应把它看作是一个封闭的线框。断面的高度 H 和角弧的半径 R 的大小是随 A—A 剖切线的位置而定，越靠近圆形，H 越小、R 越大。

4. 扭面

某些水工建筑物（如水闸、渡槽等）的过水部分的断面是矩形，而渠道的断面一般为梯形，为了使水流平顺，由梯形断面变为矩形断面需要一个过渡段，即在倾斜面和铅垂面

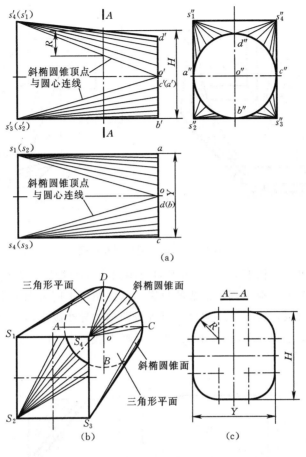

图 9-14 渐变面的画法

(a) 三视图；(b) 立体图；(c) 断面图

之间，要有一个过渡面来连接，这个过渡面一般用扭面，见图 9-15 (a)。

扭面 $ABCD$ 可看作是由一条直母线 AB，沿着两条交叉直导线 AD（侧平线）和 BC（铅垂线）移动，并始终平行于一个导平面 H（水平面），这样形成的曲面称扭面，又称双面抛物面，见图 9-15 (b)。

扭面 $ABCD$ 也可以把 AD 看作直母线，AB 和 DC 为两条交叉直导线，使母线 AD 沿 AB（水平线）和 DC（侧垂线）两条直导线移动，并始终平行于导平面 W，这样也可以形成与上所述同样的扭面。

在扭面形成的过程中，母线运动时的每一个具体位置称为扭面的素线。同一个扭面可以有两种方式形成，因此，也就有两组素线。按第一种方式形成的扭面，其素线 AB、ⅠⅠ、ⅡⅡ 等都是水平线，因此其正面投影和侧面投影均为水平方面的直线，而素线的水平投影则呈放射线束。如果按第二种方式形成的扭面，则素线 AD、Ⅰ′Ⅰ′、Ⅱ′Ⅱ′ 等均为侧平线，其侧面投影呈放射线束，见图 9-15 (b)。

在水工建筑物中，扭面是属于渠道两侧墙的内表面。要表达扭面，可将渠道沿对称面处剖开，见图 9-16 (b)，再画它的三视图。扭面的主视图为一长方形，其俯视图和左视

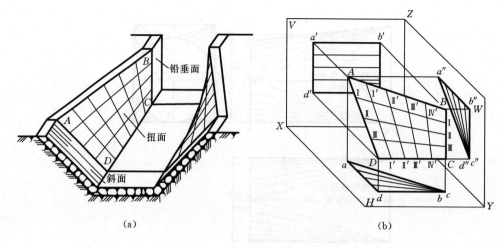

图 9 - 15　扭面的应用和形成

图均为三角形（也可能是梯形）。在三角形内应画出素线的投影，在俯视图中画水平素线
的投影，而在左视图中则画出侧平素线的投影，这是两组不同方向的素线。这样画出的素
线的投影都形成放射状，这些素线的投影可等分两端的导线画出，使分布均匀。在主视图
中可以画水平素线的投影，但按工程习惯，不画素线而注出"扭面"两字代替，见图
9 - 16 （a）。

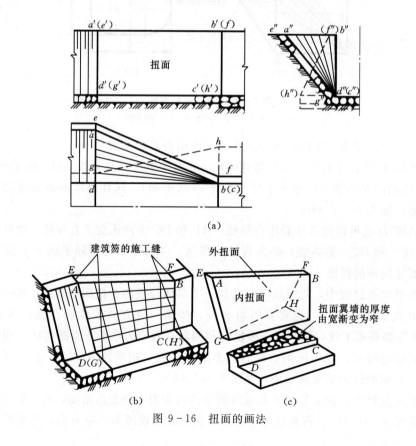

图 9 - 16　扭面的画法

扭面过渡段的外侧面是连接闸室的梯形挡土墙和渠道的护坡。图9-16（c）所示外侧面的左端与渠道护坡斜面连接，右端则与挡土墙斜面连接，所以扭面过渡段外侧面左端边线是一条向外倾斜的直线 EG，右端边线则是一条向内倾斜的直线 FH，它们是两条交叉直线。同样道理，外侧面上下两条边线亦为两条交叉直线。因此，扭面过渡段的外侧面也是一个扭面（外扭面）。如图 9-16（a）所示的俯视图中，外侧面上下边线的投影为两条相交线段 ef 和 gh（虚线）；左右两端边线的投影为两条垂直方向的线段 eg、fh（虚线）。这些边线的投影形成对顶的两个三角形线框。外扭面在左视图中的投影同样也形成对顶的两个三角形，在主视图中则与内扭面重合。

水工建筑物一般采取分段施工，各段之间的分界线称为结构分缝线。水工图上规定结构分缝线用粗实线绘制，见图 9-16（b）。

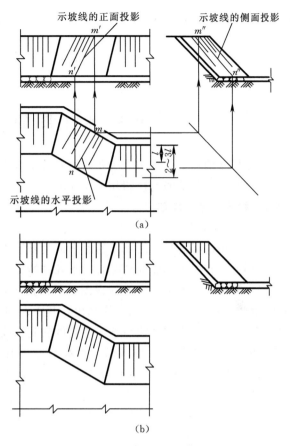

图 9-17 渠道边坡示坡线的画法
（a）正确画法；（b）错误画法

5. 坡面

水工建筑物中经常会遇到斜坡面，如渠道、堤坝的边坡。水工图中常在斜坡面上要加画示坡线。第八章中已经介绍示坡线的方向应平行于斜坡面上对水平面的最大斜度线（即坡度线）或垂直于斜坡面上的水平线。它是用一系列长、短相间、间隔相等的细实线表

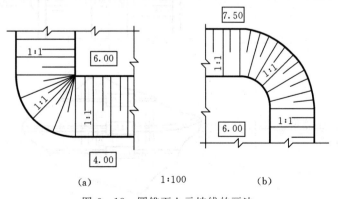

1:100

图 9-18 圆锥面上示坡线的画法
（a）画法一；（b）画法二

167

示。画示坡线时注意间距要均匀，长短要整齐，不论长线或短线都应与斜坡面较高的轮廓线相接触。坝坡面上示坡线的画法如图9-3所示。图9-17（a）为渠道边坡示坡线的正确画法，图9-17（b）为错误画法。圆锥面上示坡线的画法如图9-18所示。示坡线应通过锥顶画出。

9.3 水工图的尺寸注法

标注尺寸的基本规则和方法在前面有关章节中已作详细介绍，本节主要根据水工图的特点，介绍尺寸基准的选择和几种尺寸的注法。

9.3.1 铅垂尺寸的注法

1. 标高的注法

水工图中的标高是采用规定的海平面为基准来标注的。标高尺寸包括标高符号及尺寸数字两部分。在图上标注标高时有以下几种情况：

（1）立面图和铅垂方向的剖视图、断面图中，标高符号一律采用图9-19（a）所示的90°等腰三角形符号，用细实线画出，其中 h 约为字高的2/3。标高符号的尖端向下指，也可以向上指，但尖端必须与被标注高度的轮廓线或引出线接触。标高数字一律注写在标高符号的右边，见图9-19（d），标高数字一律以 m 为单位。零点标注成±0.000或±0.00,正数标高数字前一律不加"＋"号，如27.56、28.300；负数标高数字前必须注"－"号，如：－3.30、－0.374。

（2）平面图中的标高符号采用图9-19（b）的形式，是用细实线画出的矩形线框，

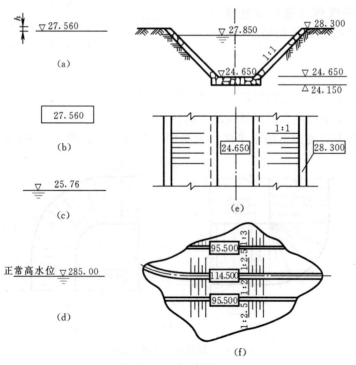

图 9-19 标高的注法

标高数字写入线框中。当图形较小时，可将符号引出标注，见图 9-19（e），或断开有关图线后标注，见图 9-19（f）。

（3）水面标高（简称水位）的符号如图 9-19（c）所示，水面线以下画三条细实线。特征水位标高的标注形式如图 9-19（d）所示。

2. 高度尺寸

铅垂方向的尺寸可以只注标高，也可以既注标高又注高度，对结构物本身的尺寸和定型工程设计一般采用标注高度的方法。

在标注高度尺寸时，其尺寸一般以建筑物的底面为基准，这是因为建筑物都是由下向上修建的，以底面为基准，便于随时进行量度检验。

9.3.2 水平尺寸的注法

为确定建筑物的各部分结构在水平方向的大小和位置，一般以建筑物的轴线（或中心线）和建筑物上的主要轮廓线为基准来标注尺寸。图 9-27 所示的水闸，它的宽度尺寸就以中心线为基准来标注的。

河道、渠道、堤坝及隧洞等长形建筑物，它们的中心线长度通常采用"桩号"的方法进行标注。这种标注方法便于计量建筑物的长度和确定建筑物的位置。桩号的标注形式为 $k \pm m$，k 为公里数，m 为米数。起点桩号注成 0 ± 000，起点桩号之前（即与桩号的尺寸数字增加的方向相反）标注成 $k - m$（如 $0 - 020$），起点桩号之后注成 $K + m$（$0 + 020$）。图 9-20 为隧洞的桩号标注法，图中 $0 + 043.000$ 表示第一号桩距起点为 43m，$0 + 050.000$ 表示第二号桩距起点为 50m，两桩之间相距 7m。

桩号数字一般垂直于轴线方向注写，且标注在轴线的同一侧，当轴线为折线时，转折点处的桩号数字应重复标注，如图 9-20 所示。

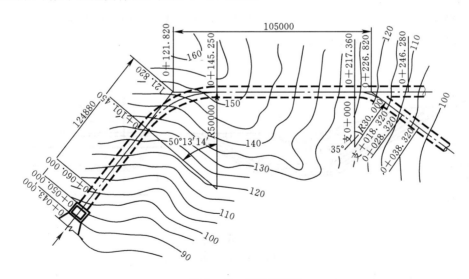

图 9-20 桩号标注法

9.3.3 连接圆弧的尺寸注法

连接圆弧要注出圆弧所对的圆心角的角度。角的一个边用箭头指到与圆弧连接的切点，见图 9-21 中的 A 点；角的另一边带箭头（也可不带箭头）指到连接圆弧的另一端点，见图 9-21 中的 B 点。在指向切点的角的一边上注写圆弧的半径尺寸，连接圆弧的圆心、切点以及圆弧另一端点的高程和它们之间的长度方向尺寸，均应注出，见图 9-21。

9.3.4　非圆曲线的尺寸注法

非圆曲线（如溢流坝面曲线）通常是在图幅上列表写出曲线上各点的坐标，图 9-21 中的坐标值表。

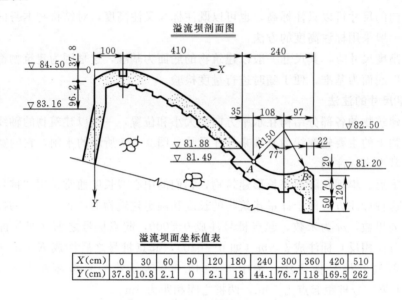

溢流坝剖面图

溢流坝面坐标值表

X(cm)	0	30	60	90	120	180	240	300	360	420	510
Y(cm)	37.8	10.8	2.1	0	2.1	18	44.1	76.7	118	169.5	262

图 9-21　圆弧及非圆曲线的尺寸注法

9.3.5　多层结构的尺寸注法

多层结构的尺寸注法见图 9-22，用引出线并加文字说明，引出线必须垂直通过被引的各层，文字说明和尺寸数字应按结构的层次注写。

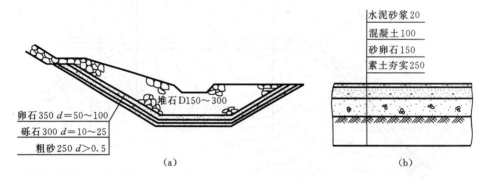

图 9-22　多层结构的尺寸注法

(a) 图示一；(b) 图示二

9.3.6　关于封闭尺寸链和重复尺寸

水工建筑物的施工一般是分段进行的，施工精度也不像机械加工要求那样高，因此，要求每分段的尺寸必须全部注出，并且还要注总尺寸，这样就必然形成封闭尺寸链。在视图上注了标高又注高度尺寸这是常见而允许的重复尺寸，当建筑物的几个视图分别画在不同的图纸上时，为了便于读图和施工，也必须标注适当的重复尺寸。所以水工图中根据需要是允许标注封闭尺寸链和必要的重复尺寸，但标注时必须仔细进行校核，要防止出现尺寸之间矛盾和差错。

9.4 水 工 图 的 识 读

9.4.1 识读水工图的目的和要求

读图的目的是为了了解工程设计的意图，以便根据设计的要求进行施工和验收。因此，读图必须达到下列基本要求：

（1）了解水利枢纽所在地的地形、地理方位和河流的情况以及组成枢纽各建筑物的名称、作用和相对位置。

（2）了解各建筑物的形状、大小、详细结构、使用材料及施工的要求和方法。

9.4.2 读图的步骤和方法

识读水工图的顺序一般是由枢纽布置图看到建筑结构图；先看主要结构后看次要结构；在看建筑物结构图时要遵循由总体到局部，由局部到细部结构，然后再由细部回到总体，这样经过几次反复，直到全部看懂。读图一般可按下述四步骤进行。

（1）概括了解，了解建筑物的名称和作用。识读任何工程图样都要从标题栏开始，从标题栏和图样上的有关说明中了解建筑物的名称、作用、制图的比例、尺寸的单位以及施工要求等内容。

（2）分析视图，了解各个视图的名称、作用及其相互关系。为了表明建筑物的形状、大小、结构和使用的材料，图样上都配置一定数量的视图、剖视图和断面图。由视图的名称和比例可以知道视图的作用，视图的投影方向以及实物的大小。

水工图中的视图的配置是比较灵活的，所以在读图时应先了解各个视图的相互关系，以及各种视图的作用。如找出剖视和断面图剖切平面的位置、表达细部结构的详图；看清视图中采用的特殊表达方法、尺寸注法等。通过对各种视图的分析，可以了解整个视图的表达方案，从而在读图中及时找到各个视图之间的对应关系。

（3）分析形体，将建筑物分为几个主要组成部分，读懂各组成部分的形状、大小、结构和使用的材料。

将建筑物分哪几个主要组成部分，应根据这些组成部分的作用和特点来划分。可以沿水流方向分建筑物为几段；也可以沿高程方向分建筑物为几层；还可以按地理位置或结构分建筑物为上、下游，左、右岸，以及外部、内部等。读图时需灵活运用这几种方法。

了解各主要组成部分的形体，应采用对线条、找投影、分线框、识体形的方法。一般是以形体分析法为主，以线面分析法为辅进行读图。

分析形体应以一两个视图（平面图、立面图）为主，结合其他的视图和有关的尺寸、材料、符号读懂图上每一条图线、每一个符号、每一个尺寸以及每一种示意图例的意义和作用。

（4）综合整理，了解各组成部分的相互位置，综合整理整个建筑物的形状、大小、结构和使用的材料。

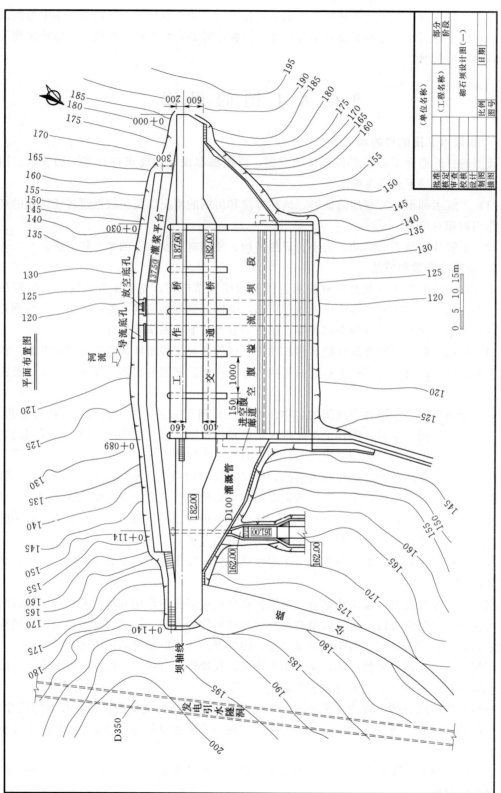

图 9 − 23（a）　砌石坝设计图（一）

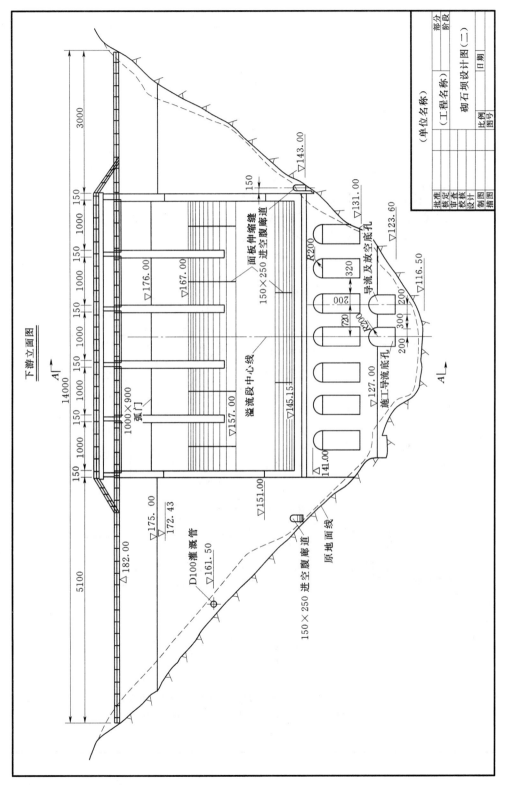

图 9-23 (b) 砌石坝设计图 (二)

173

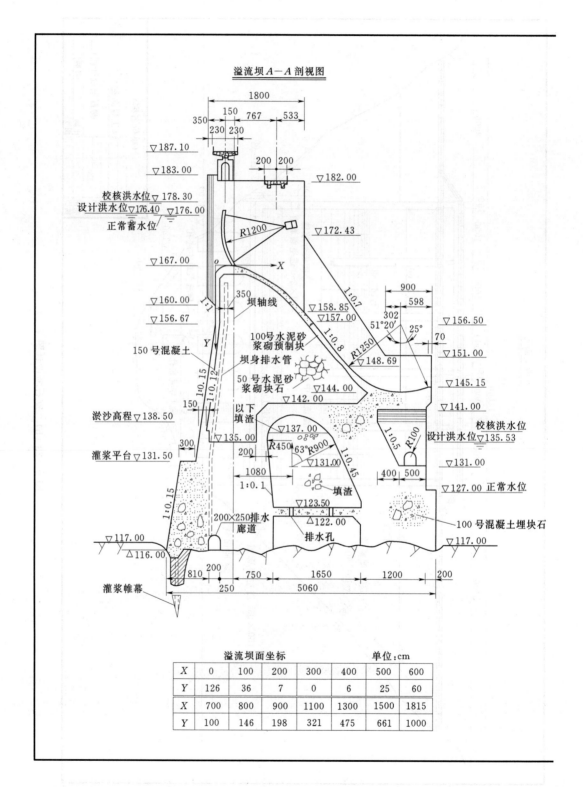

溢流坝 *A*—*A* 剖视图

	溢流坝面坐标					单位：cm	
X	0	100	200	300	400	500	600
Y	126	36	7	0	6	25	60
X	700	800	900	1100	1300	1500	1815
Y	100	146	198	321	475	661	1000

图 9-23（c） 砌石坝

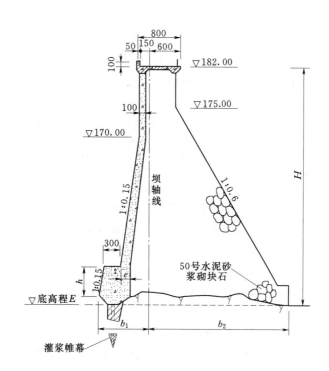

非溢流坝标准剖面图

坝高程 E		130.00	140.00	150.00	160.00	170.00	182.00
坝高 H		5200	4200	3200	2200	1200	顶面
坝底宽	b_1	1050	900	750	600	150	150
	b_2	3250	2650	2050	1450	850	850
灌浆平台高 h		500	500	500	500	0	0
防渗面板厚 e		180	160	130	100	100	0

非溢流坝剖面尺寸

(单位名称)			
批准		(工程名称)	部分
核定			阶段
审查			
校核		砌石坝设计图（三）	
设计			
制图		比例	日期
描图		图号	

设计图（三）

识读整套水利工程图可从枢纽布置图入手，结合建筑物结构图、细部详图，采用上述的读图步骤和方法，逐步地读懂全套图纸，从而对整个工程建立起完整而清楚的概念。

读图中应注意将几个视图或几张图纸联系起来同时阅读，孤立地读一个视图或一张图纸，往往是不易也不能读懂工程图样的。

9.4.3 水工图识读举例

【例 9 - 1】 识读砌石坝设计图，见图 9 - 23（a）～图 9 - 23（c）。

砌石坝的结构型式有多种，图 9 - 23 所示为浆砌石重力坝，而且做成既能挡水又能泄水两者结合成一个整体的水工建筑物。由于它主要是依靠砌石自身重量来维持坝体的抗滑稳定，所以它又称为砌石重力坝。这种坝型具有较大的重量，是一种大体积建筑物。

1. 组成部分及其作用

该砌石坝坝顶长 140.0m，沿坝顶长可将其分为左、中、右 3 段。中段为溢流段，主要用于泄洪，为空腹填渣重力坝，采用这种结构主要是为了减小扬压力和节省工程量。该段长 59.0m，溢流段净宽 50.0m，用闸墩分隔成五孔，每孔设 10.0m×9.0m 的弧形钢闸门，用于挡水和泄水，闸墩顶部靠下游一端设有交通桥与左右两段非溢流坝顶相连。闸墩顶部靠上游一端设有排架，在排架顶部设有工作桥安装闸门启闭机，供工作人员操作启闭弧形闸门之用。溢流段左右两侧设有导水墙，用来控制溢流范围。在高程 123.60m 处设有两个底孔，用于施工导流和坝体检修时放空库水。

左、右两端为非溢流段，主要用于挡水，均为实体重力坝。这两段内均设有廊道通向溢流段内的空腹。在坝轴线桩号 0＋114，高程 161.50m 处，设有直径为 1m 的涵管，用来引库水灌溉。

2. 视图及表达方法

该砌石坝设计图由平面布置图、下游立面图、A—A 剖视图和非溢流坝标准断面图等四个图形来表达的。其中：

（1）平面布置图。是将整个砌石坝的平面图画在地形图上，按水流方向自上向下布置。表明了所在地区的地形、河流、水流方向、地理方位以及砌石坝各组成部分长度与宽度方向的相互位置关系；还表明了坝轴线的长度、顶面宽度、主要部位的高程和坝顶面及上、下游坡面与地面的交线等；另外还可以看出发电引水隧洞、灌溉涵管和通向坝顶的公路均位于河流的右岸。图中对弧形闸门以及闸门启闭机等附属设备都采用了省略画法。

（2）下游立面图。它是视向逆水流方向观察坝身所得的图形。它表明了砌石坝及各组成部分下游立面的外形轮廓和相互位置关系，各主要部位都注有高程。还表明了下游坝坡面与岩石基面的交线和原地面线等，对坝轴线各段的长度、溢流坝段闸孔分隔的情况以及导流底孔、廊道孔和挑流板下部直墙圆拱支承结构的形状特征都反映得较清楚。

（3）溢流坝 A—A 剖视图。剖切平面与坝轴线垂直剖切而得，它详细表明溢流坝段内部构造的形状、尺寸和材料。图中表明了溢流面顶部为曲线段，中间是直线段，下部接半径为 12.5m 的反圆弧段，做成挑流式消能。上游迎水面是坡度为 1：0.15 用混凝土浇成的防渗面板，在高程 131.50m 处有灌浆平台，坝基设有用于防渗的灌浆帷幕，它采用了折断画法，为了汇集坝体和坝基渗水，还设有圆拱矩形廊道。图中可以看出空腹段前腿（靠上游一端）底厚 20.10m，后腿（靠下游一端）底厚 14.00m，顶部由不同半径和不同中心角的两个圆弧构成，腹腔内填石渣，在高程 122.00m 处向上浇 1.50m 厚混凝土穿孔透水板，它与前后腿连结成整体。在图形上部还表明了交通桥、工作桥的位置、桥面的宽度和高程，对弧形闸门采用示意图例画法。

（4）非溢流坝标准断面图。该断面图表达六个不同高程处的断面形状，只要将图中的字母代之以断面尺寸表中相应的数字即得。它表明非溢流坝段为实体重力坝，坝顶为钢筋混凝土路面。上游迎水面的结构与溢流坝段相同，灌浆帷幕采用折断画法，下游面在高程 175.00m 以下斜面坡度为 1∶0.6，用浆砌块石筑成。

【例 9 - 2】 识图渡槽设计图，见图 9 - 24（a）～图 9 - 24（c）。

渡槽在渠系建筑物中是一种输送渠道水流跨越道路、河流、山谷、洼地的交叉建筑物。图 9 - 24 所示为砌石拱渡槽。

1. 组成部分及其作用

整个渡槽是由进口段、槽身、支承结构和出口段四部分组成。

（1）槽身。它是渡槽的主体部分，用于输送水流，本渡槽槽身的横断面为矩形，用条石砌筑而成，全长 72.10m，纵坡 1/500。

（2）支承结构。它用于架设槽身，由槽墩、槽台、主拱圈、腹拱立墙、腹拱圈、拱腔等部分组成。

（3）进、出口段。这两段是分别连接渠道与槽身的结构，渠道的横断面通常是梯形的，而槽身的横断面是矩形的，两者之间的连接通常采用扭面过渡。本设计图对这两段结构没有表达。

2. 视图及表达方法

表达该渡槽除画出正立面图外，还有四个剖视图、两个详图和一个用料说明表。

（1）正立面图，见图 9 - 24（a）。它表达了渡槽的结构型式、支承结构各组成部分的位置关系以及长度和高度方向的主要尺寸。图中清楚地表明该渡槽共四跨，净跨 14m，矢跨比 1/5，有三个槽墩（1、2、3 号墩），两个槽台（1、2 号台）。等截面圆弧形的主拱圈支承在墩、台顶部的五角石上，在主拱圈上砌筑腹拱立墙和等截面圆弧形腹拱，在主、腹拱顶部再砌筑拱腔和槽身，槽身分成六段砌筑，每段间有伸缩缝。

（2）详图甲、乙，见图 9 - 24（b）。主要是进一步表达主拱圈上部腹拱立墙和腹拱圈以及 2 号台在长度和高度方向的详细尺寸，腹拱净跨 1.45m，矢跨比约 1/4。

（3）A—A 剖视图，见图 9 - 24（c）。主要表达 1 号墩和 2 号墩侧立面的形状和详细尺寸，同时也表明了槽身的断面形状、大小和材料。为了进一步表达槽墩平面图的形状，又画出了 D—D 剖视图。图中可以看出两个槽墩在高程 298.30m 以下的墩身部分，沿宽度方向两端头部做成半圆形，主要是以利水流畅通。在高程 298.30m 以上的墩身为四棱台形。

（4）B—B 剖视图，见图 9 - 24（c）。主要是为了表达 3 号墩侧立面的形状和详细尺寸，还画出了 E—E 剖视图，注意 3 号墩下部与 1、2 号墩构造有所不同。

（5）C—C、F—F 剖视图，见图 9 - 24（a）和图 9 - 24（b）。这两个剖视图主要是为了表达 2 号台侧立面和平面的形状以及高度和宽度方向的尺寸。

该渡槽除了采用以上视图、剖视图表达以外，另外还有一个用料说明表，从中可以了

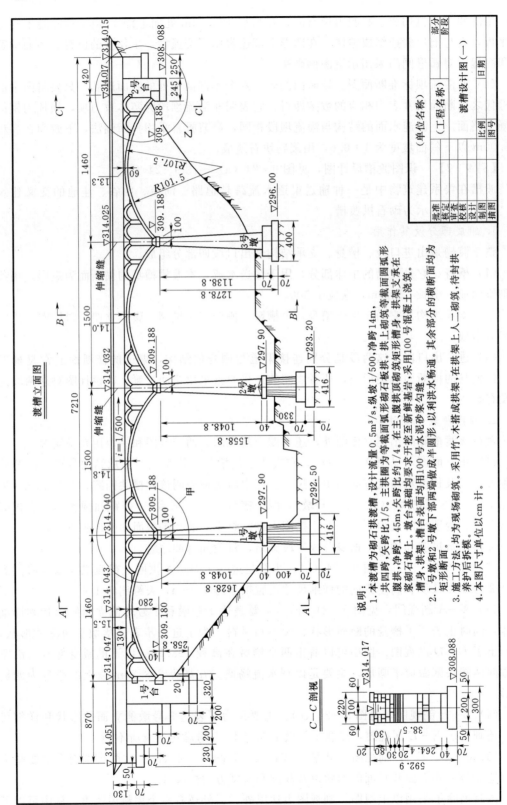

图 9-24(a) 渡槽设计图（一）

178

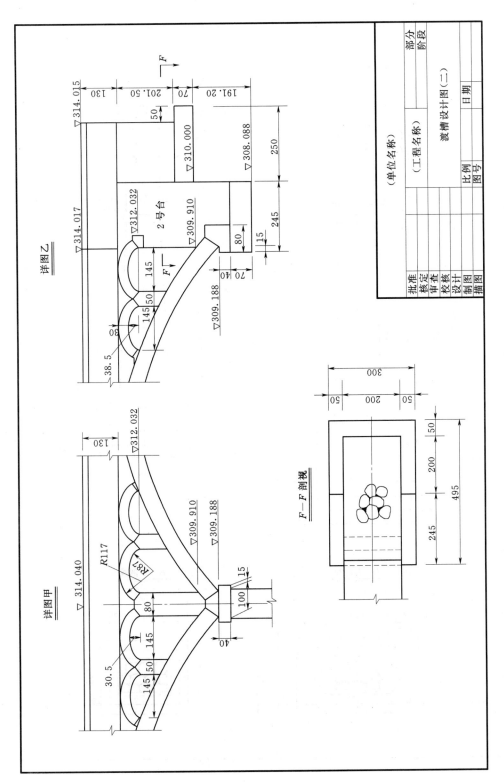

图 9-24(b) 渡槽设计图(二)

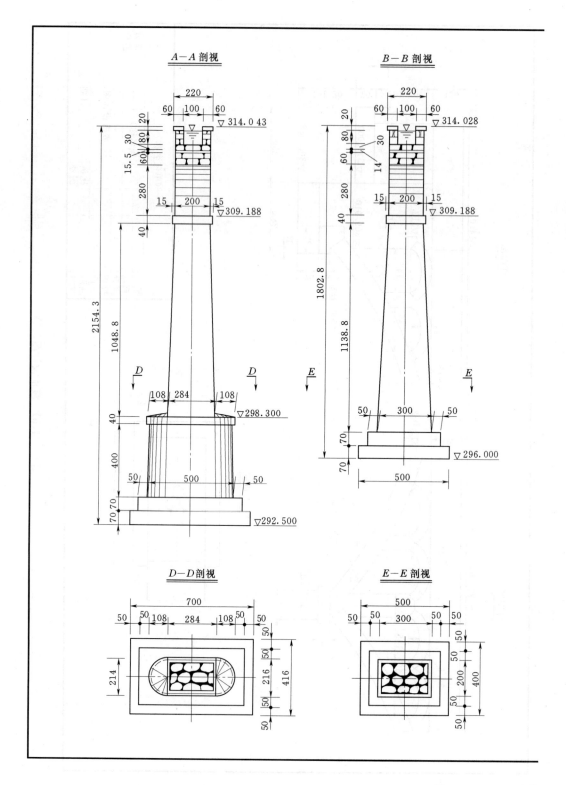

图 9-24 (c)　渡槽

用料说明图

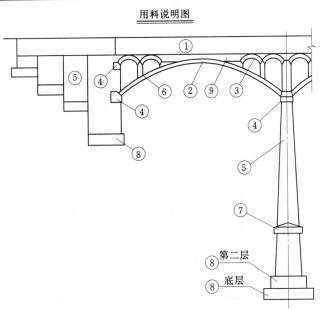

用料说明表

编号	名称	材料			备注
		内部	外露面	水泥砂浆	
①	槽身	条石	粗镶面石	100号	石料坚硬无裂纹锈迹镶面砌成横平竖直，直缝错缝不小于10cm一丁一顺
②	主拱圈	条石	粗镶加细边	150号	
③	腹拱圈	条石	粗镶加细边	150号	
④	五角石	200号混凝土	粗镶面石	150号	
⑤	墩台身	块石	粗镶面石	100号	地面线1m以下不镶面
⑥	腹拱立墙	块石	粗镶面石	100号	
⑦	墩身腰圈	200号混凝土	粗镶面石	100号	顶上流水坡不镶面
⑧	基础底层	100号混凝土			
⑧	基础第二层	块石		100号	
⑨	拱腔	片石	粗镶面石	内25号外100号	片石与粗镶面石每层厚度不相同

（单位名称）				
批准		（工程名称）		部分
核定				阶段
审查		渡槽设计图（三）		
校核				
设计				
制图		比例		日期
描图		图号		

设计图（三）

解各部分所用材料和砌筑要求。

【例 9 - 3】 识图水库枢纽设计图，见图 9 - 25 和图 9 - 26。

1. 水库枢纽布置图

(1) 组成部分及其作用。在山溪谷地或山峡的适当地点，筑一道坝，把这个地点以上的流域面积里流下来的雨水、溪水或泉水拦蓄起来，形成水库。水库枢纽工程大都包括三个基本组成部分，即拦河坝、输水道、溢洪道等建筑物。拦河坝是挡水建筑物，布置在两个山头之间，它的作用是拦断水流，抬高水位以形成水库。输水道是引水建筑物，它的作用是把水库中的水按需要引出水库供灌溉、发电及其他目的之用。溢洪道是水库满蓄期间排泄洪水的建筑物，它可以防止洪水因从坝顶漫溢而引起的溃坝事故。图 9 - 25 所示水库枢纽布置图中的拦河大坝为土坝，溢洪道修建在大坝西边山凹处，输水道布置在大坝的东边，经过隧洞把水引向下游供发电和灌溉用。

(2) 视图及表达方法。枢纽布置图在地形图上画出土坝、输水道、溢洪道等建筑物的平面图。它主要表达了工程所在区域的地形、水流方向、地理方位、各建筑物在平面上的形状大小及其相对位置，以及这些建筑物与地面相交的情况等。

A—A 剖视图是沿坝轴线和溢洪道顶部作的展开剖视，主要表达河槽与溢洪道的断面形状，采用了纵横两种不同的比例画出，在右下角表示出输水隧洞中心的高程和位置。

2. 土坝设计图

(1) 组成部分及其作用。土坝由坝身、心墙、棱体排水和护坡四部分组成，主要用于挡水。该坝身呈梯形断面，用砂卵石材料堆筑，为防止漏水，在坝体内筑有粘土心墙。上、下游坡面为防止风浪、冰凌冲击以及雨水冲刷而设置的保护层，称为护坡。下游坝脚设有棱体排水，其主要作用是排除由上游渗透到下游的水量。为防止带走土粒和堵塞排水棱体，并设有反滤层。

(2) 视图及表达方法。土坝设计图有坝身最大横断面图，坝顶构造详图、上游护坡 A、B 详图和下游坝脚棱体排水详图等，见图 9 - 26。

最大横断面图是在河槽位置垂直于坝轴线剖切而得，它表达了坝顶高程为 138m、宽 8m。上游护坡为 1∶2.75、1∶3 和 1∶3.5。下游护坡为 1∶2.75 和 1∶3，并在 125m 和 112m 高程处设有 3m 宽的马道。断面图上同时表达了心墙、护坡和棱体排水的位置。上游面标注有设计和校核水位等。

坝顶详图表明坝顶筑有碎石路面、靠上游面一边砌有块石防浪墙，其下部与粘土心墙相连。靠下游面一边砌有路肩石。粘土心墙顶部高程为 136.4m、宽 3.6m。

由上游护坡详图 A 可以看出护坡分为干砌块石、堆石、卵石和碎石四层。详图 B 则表示上游坝脚防滑槽的尺寸。

棱体排水详图表达了块石棱体和反滤层的结构及尺寸。

【例 9 - 4】 识图水闸设计图，如图 9 - 27 所示。

水闸是修建在天然河道或灌溉渠系上的建筑物。按照水闸在水利工程中所担负的任务不同，水闸可分为进水闸、节制闸、分洪闸、泄水闸等几种。由于水闸设有可以启闭的闸门，既能关闭闸门拦水，又能开启闸门泄水，所以各种水闸都具有控制水位和调节流量的作用。

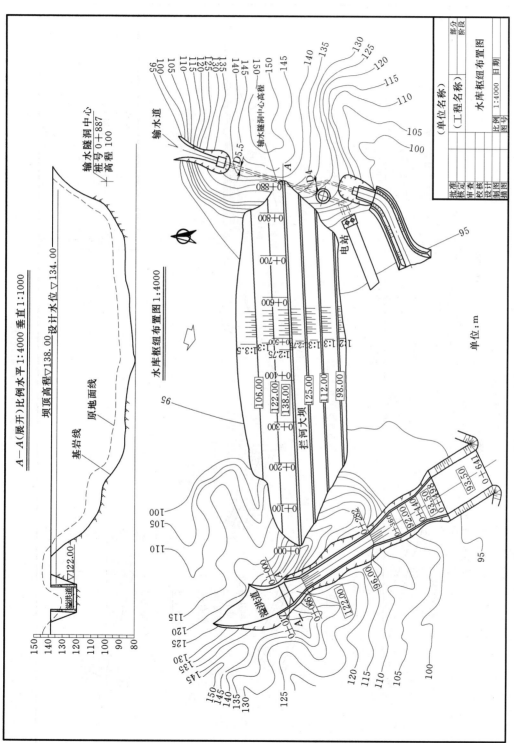

图 9－25 水库枢纽布置图

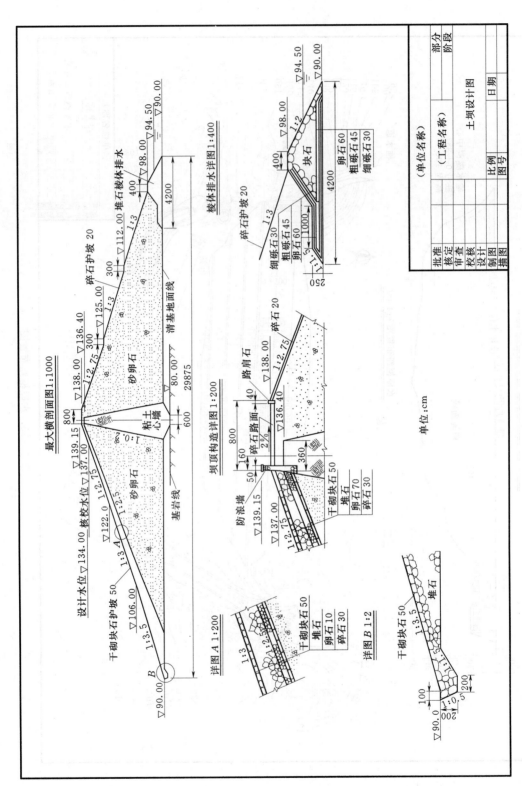

图 9 - 26 土坝设计图

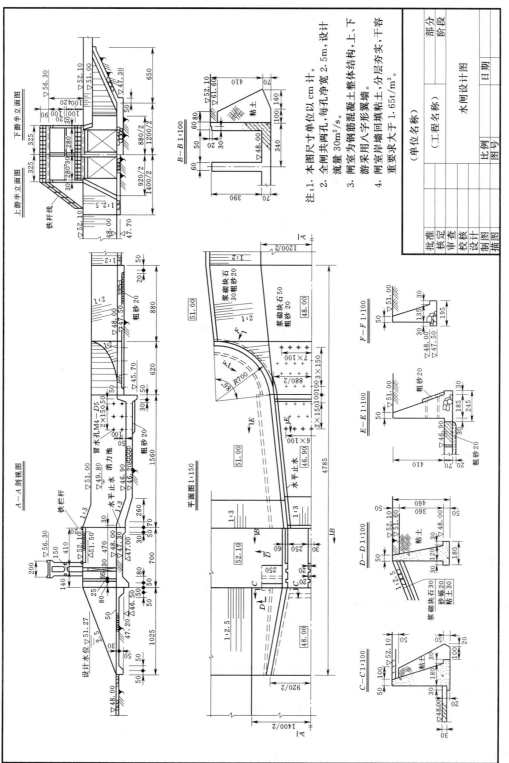

图 9 – 27 水闸设计图

1. 组成部分及其作用

图 9-28 为水闸的立体示意。水闸一般由三部分组成，即上游连接段、闸室和下游连接段。

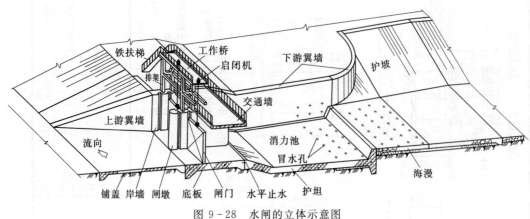

图 9-28　水闸的立体示意图

（1）上游连接段。水流从上游进入闸室，首先要经过上游连接段，它的作用一是引导水流平顺进入闸室；二是防止水流冲刷河床；三是降低渗透水流在闸底和两侧对水闸的影响。水流过闸时，过水断面逐渐缩小，流速增大，上游河底和岸坡可能被水冲刷，工程上经常用的防冲手段是在河底和岸坡上用干砌块石或浆砌块石予以护砌，称为护底、护坡。

自护底而下，紧接闸室底板一段称为铺盖，它兼有防冲与防渗的作用，一般采用抗渗性能良好的材料浇筑。图 9-27 水闸的铺盖为钢筋混凝土，长度为 1025cm。

引导水流良好地收缩并使之平顺地进入闸室的结构，称为上游翼墙。翼墙还可以阻挡河道两岸土体坍塌，保护靠近闸室的河岸免受水流冲刷，减少侧向渗透的危害。翼墙的结构型式一般与挡土墙相同。图 9-27 水闸的上游翼墙平面布置型式为斜降式。

（2）闸室。闸室是水闸起控制水位、调节流量作用的主要部分，它由底板、闸墩、岸墙（或称边墩）、闸门、交通桥、排架及工作桥等组成。图 9-27 所示水闸的闸室为钢筋混凝土整体结构，中间有一闸墩分成两孔，靠闸室下游设有钢筋混凝土交通桥，中部由排架支承工作桥。闸室段全长 700cm。

（3）下游连接段。这一段包括河底部分的消力池、海漫、护底以及河岸部分的下游翼墙和护坡等。图 9-27 所示水闸消力池这段长为 1560cm。为了降低渗透水压力，在消力池和海漫部分留有冒水孔，下垫粗砂滤层。下游翼墙平面布置型式为反翼墙。

2. 视图及表达方法

（1）平面图。由于水闸左右岸对称，采用省略画法，只画出以河流中心线为界的左岸。水闸各组成部分平面布置情况在图中反映得较清楚，如翼墙布置形式、闸墩形状、主门槽、检修门槽位置和深度等，冒水孔的分布情况采用了简化画法。闸室这段工作桥、交通桥和闸门采用了拆卸画法。标注 A—A、B—B、C—C、D—D、E—E、F—F 为剖切位置线，说明该处另外还有剖视图和断面图。

（2）A—A剖视图。剖切平面经闸孔剖切而得，图中表达了铺盖、闸室底板、消力池、海漫等部分的断面形状和各段的长度，图中还可以看出门槽位置、排架形状以及上、下游设计水位和各部分高程等。

（3）上游立面图和下游立面图。这是两个视向相反的视图，因为它们形状对称，所以采用各画一半的合成视图，图中可以看出水闸的全貌，工作桥的扶梯和桥栏杆均采用简化画法。

（4）断面图。B—B断面表达闸室为钢筋混凝土整体结构，同时还可看出在岸墙处回填粘土断面形状和尺寸。C—C、E—E、F—F断面表达上、下游翼墙的断面形状、尺寸、砌筑材料、回填粘土和排水孔处垫粗砂的情况。D—D断面表达了路沿挡土墙的断面形状和上游面护坡的砌筑材料等。

注意，图9-27和图9-28中尺寸除高程以m计外，均以cm为单位。

9.5 水 工 图 的 绘 制

水工图样虽然种类很多，但绘制图样的步骤基本相同。绘图的一般步骤建议如下：

（1）根据已有的设计资料，分析确定所要表达的内容。

（2）选择视图，确定视图的表达方案。

（3）根据图样的种类和建筑物的大小，选择恰当的比例。

（4）合理布置各视图的位置：

1）视图应尽量按投影关系配置，并尽可能把有联系的视图集中布置在同一张图纸内。

2）按所选取的比例估算各视图（包括剖视和断面等）所占的范围大小，然后进行合理布置。

（5）画出各视图的作图基准线，如轴线、中心线或主要轮廓线等。

（6）画图时，先画大的轮廓，后画细部；先画主要部分，后画次要部分；先画特征明显的视图，后画其他视图；有关视图可同时进行。

（7）标注尺寸和注写必要的文字说明。

（8）画建筑材料图例。

（9）经校核无误后，加深图线或上墨。

（10）填写标题栏，画图框线并完成全图。

9.6 钢 筋 混 凝 土 结 构 图

在混凝土中，按照结构受力需要，配置一定数量的钢筋以增强其抗拉能力，这种由混凝土和钢筋两种材料制成的构件称为钢筋混凝土结构。用来表达钢筋混凝土结构的图形称为钢筋混凝土结构图，简称配筋图。

9.6.1 基本知识

1. 钢筋符号

在钢筋混凝土结构设计规范中，对国产建筑用钢筋，按其产品种类不同，分别给予不同符号，供标注及识别之用，详见表9-2。

表 9-2 　　　　　　　　　　　　　　　　　钢 筋 种 类 和 符 号

钢 筋 种 类	符 号	钢 筋 种 类	符 号
Ⅰ级钢筋（3号钢）	ϕ	冷拉Ⅰ级钢筋	ϕ^l
Ⅱ级钢筋（16锰）	Φ	冷拉Ⅱ级钢筋	Φ^l
Ⅲ级钢筋（25锰硅）	ϕ	冷拉Ⅲ级钢筋	ϕ^l
Ⅳ级钢筋（44锰2硅）	Φ	冷拉Ⅳ级钢筋	Φ^l
Ⅴ级钢筋（热处理44锰2硅）	Φ^l	冷拉低碳钢丝（乙级）	ϕ^b
5号钢钢筋（5号钢）	ϕ		

2. 钢筋的作用和分类

根据钢筋在构件中所起的作用不同，钢筋可分为下列四种，如图9-29所示。

（1）受力钢筋。用来承受主要拉力的钢筋。

（2）钢箍。承受一部分斜拉应力，并固定受力钢筋的位置，多用于梁和柱内。

（3）架立钢筋。用来固定梁内钢箍的位置。

（4）分布钢筋。一般用来钢筋混凝土板内，与板的受力钢筋垂直布置，将外力均匀地传给受力钢筋，见图9-29（b）。

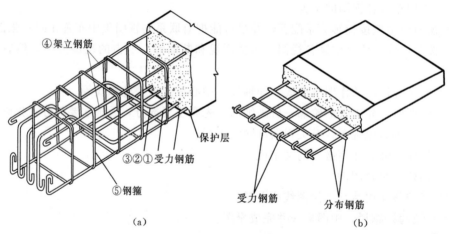

④架立钢筋

保护层

③②①受力钢筋

⑤钢箍

（a）

受力钢筋

分布钢筋

（b）

图 9-29 　钢筋的分类

（a）矩形梁；（b）盖板

3. 钢筋端部的弯钩

对于外形光圆的受力钢筋，为了增加钢筋与混凝土的结合，在钢筋的端部常做成弯钩，弯钩一般有两种标准形式，其形状和尺寸如图9-30所示。图中用双点画线表示弯钩伸直后的长度，这个长度为备料计算钢筋总长时的需要。

常用钢箍的弯钩形式如图9-31所示。

4. 钢筋的保护层

为防止钢筋锈蚀，钢筋边缘到混凝土表面应留有一定的厚度，这一层混凝土称为钢筋

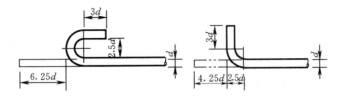

图 9-30 钢筋的弯钩

的保护层。保护层厚度视不同的结构物而异,具体数值可查阅有关设计规范。

9.6.2 钢筋混凝土结构图

钢筋混凝土结构图包括钢筋布置图,钢筋成型图及钢筋明细表等内容。

1. 钢筋布置图

钢筋布置图除表达构件的形状、大小以外主要是表明构件内部钢筋的分布情况。画图时,构件的轮廓线用细实线,钢筋则用粗实线表示,以突出钢筋的表达。在断面图中,钢筋的截面用小黑圆点表示,一般不画混凝土图例。

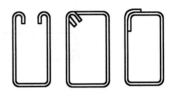

图 9-31 钢箍的弯钩

钢筋布置图不一定都要画三面视图,而是根据需要来决定,例如画图 9-32 钢筋混凝土梁的钢筋布置图,一般不画平面图,只用正立面图和断面图来表示。

在钢筋布置图中,为了区分各种类型和不同直径的钢筋,规定对钢筋加以编号,每类钢筋(即型式、规格、长度相同)只编一个号。编号字体规定用阿拉伯数字,编号小圆圈和引出线均为细实线。指向钢筋的引出线画箭头,指向钢筋截面的小黑圆点的引出线不画箭头,如图 9-32 所示。钢筋编号的顺序应有规律,一般为自下而上,自左至右,先主筋后分布筋。

如尺寸③2ϕ16,其中③表示钢筋的编号为 3 号;2ϕ16 表示直径 16mm 的 I 级钢筋共 2 根。又如尺寸 5@200,其中@为间距的代号,该尺寸表示相邻钢筋的中心间距为 200mm,共有 5 个间距。

2. 钢筋成型图

钢筋成型图是表明构件中每种钢筋加工成型后的形状和尺寸的图。图上直接标注钢筋各部分的实际尺寸,并注明钢筋的编号、根数、直径以及单根钢筋断料长度,所以它是钢筋断料和加工的依据,如图 9-32 所示。

3. 钢筋明细表

钢筋明细表就是将构件中每一种钢筋的编号、型式、规格、根数、单根数、总长和备注等内容列成表格的形式,可用作备料、加工以及做材料预算的依据。

9.6.3 钢筋混凝土结构图的识读

识读钢筋混凝土结构图,就是对照图与表弄清各种钢筋的形状、直径、数量、长度和它的位置,并要注意图中有关说明,以便按图施工。

现以图 9-32 所示钢筋混凝土矩形梁为例,说明识读钢筋的方法和步骤。

(1) 概括了解。梁的外形及钢筋布置由正立面图和 A—A、B—B 两个断面图表示,在图的下方画出各种钢筋的成型图，还有钢筋明细表。矩形梁的尺寸宽 380mm，高 450mm，长为 5200mm。

（2）弄清楚各种钢筋的形状、直径、数量和位置。B—B 断面图表达梁的底部有五根受力钢筋，中间一根为③号钢筋，两侧自里向外分别为②号和①号钢筋各两根，其直径均为 16mm。梁顶部两角各有一根④号架立钢筋，直径为 10mm。从直径符号可知这四种编号的钢筋均为Ⅰ级钢筋。

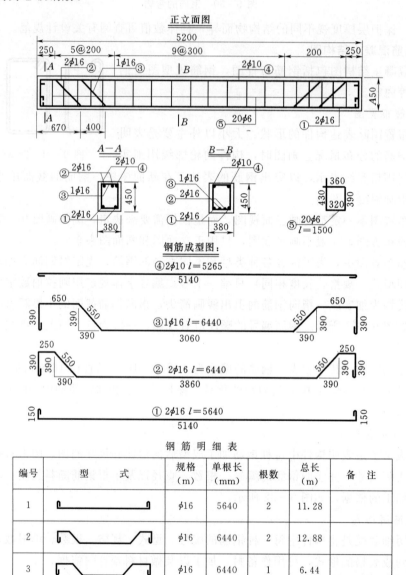

钢 筋 明 细 表

编号	型　　式	规格 (m)	单根长 (mm)	根数	总长 (m)	备　注
1		φ16	5640	2	11.28	
2		φ16	6440	2	12.88	
3		φ16	6440	1	6.44	
4		φ10	5265	2	10.53	
5		φ6	1500	20	30.00	

图 9-32 钢筋混凝土矩形梁

在 $A—A$ 断面图中，可以看出梁的底部只有两根钢筋，而顶部却有五根钢筋。对照正立面图不难看出，$B—B$ 断面图中底部②、③号的三根钢筋分别在离梁端 1070mm 和 670mm 处向上弯起，由于 $A—A$ 断面图的剖切位置在梁端，故底部是两根而顶部是五根钢筋。

正立面图上面画的⑤号钢筋为钢箍，是直径为 6mm 的 I 级钢筋，共有 20 根，靠梁两端的钢箍间距为 200mm，梁中间的钢箍间距为 300mm。各种钢筋的详细形状和尺寸可看钢筋成型图。各种钢筋的用量可看钢筋明细表。

（3）检查核对。由读图所得的各种钢筋的形状、直径、根数、单根长与钢筋成型图和钢筋明细表逐个逐根进行核对是否相符。

第10章 房屋建筑图

10.1 房屋建筑图概述

房屋建筑图是指导房屋施工、设备安装的技术文件。建筑一幢房屋需要许多张图纸表达，这些图纸一般分为三类。

（1）建筑施工图。简称"建施"，主要表达建筑物内部的布置，外部的形状以及装饰、构造、施工要求等情况。包括总平面、建筑平面图、立面图、剖面图和构造详图，见图10-1。

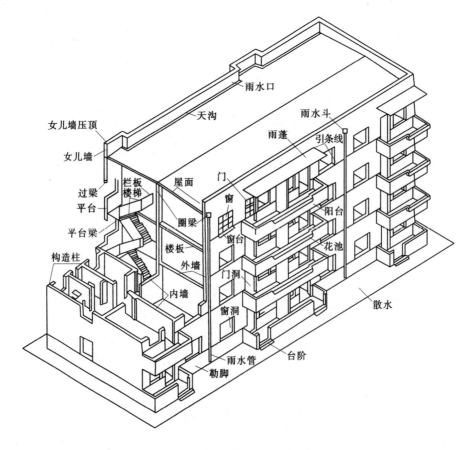

图10-1 某单位职工住宅楼

（2）结构施工图。简称"结施"，主要表达承重结构构件的分布情况、构件类型、大小及构造。包括结构布置平面图和构件详图。

（3）设备施工图。简称"设施"，主要表示给排水、电气、采暖通风等专业管道及设备的布置和构造情况。包括平面图、系统图和详图。

10.2 房屋建筑图绘制的有关规定

国家基本建设委员会 1973 年颁布了 GBJ—73《建筑制图标准》（以下简称《建标》），现在修改后的《建标》即将正式颁布执行。绘制房屋建筑图时，必须遵守《建标》中各项规定。下面介绍其中几项基本规定。

10.2.1 比例

根据图形的用途和复杂程度，房屋建筑图常用比例的选用见表 10-1 中的规定。

表 10-1　　　　　　　　　　　　　　常 用 比 例

图　　名	常　　用　　比　　例		
总平面图	1：500	1：1000	1：2000
平、立、剖面图	1：50	1：100	1：200
详　　图	1：1　　1：2	1：5　　1：10	1：20　　1：50

10.2.2 图线

房屋建筑图涉及的内容非常广泛。为了主次分明，表达清楚，一般只画可见轮廓线，并且对常用的线型和线宽有一个统一的规定，见表 10-2。

表 10-2　　　　　　　　　　　　　　线 型 与 线 宽

线　　型	线　　宽	使　　用　　范　　围
粗实线	b	平面图和剖面图上被剖到的轮廓线，立面图上外围轮廓线，结构图中钢筋线。
中粗实线	$0.5b$	平面图、剖面图上未剖到的可见轮廓线。立面图上的门窗、台阶、阳光轮廓线。
细实线	$0.35b$	尺寸线、剖面线、门窗格线。
细点划线	$0.35b$	中心线、对称线、定位轴线。
粗点划线	b	结构图中梁或构架的位置线。

表 10-2 中线宽 b 的大小应根据图的大小及类别适当选用，一般应在 1.0、0.7、0.5、0.35 系列中选取。

建筑专业图为了使表达的结构的重点突出，主次分明，实线、虚线、点划线一般区分为粗、中、细几种。各种线型的用途如下：

（1）粗实线。平、剖面图中被剖切的主要建筑构造（包括构配件）的轮廓线，建筑立面图的外轮廓线等，宽度为 b。

（2）中实线。平、剖面图中被剖切的次要建筑构造（包括构配件）的轮廓线，建筑平、立、剖面图中建筑物配件的轮廓等，宽度为 $0.5b$。

（3）细实线。小于 $0.5b$ 的图形线、尺寸线、尺寸界线、图例线、索引符号、标高符号等，宽度为 $0.35b$。

（4）中虚线。建筑构造及建筑构配件不可见的轮廓线，平面图中的起重机（吊车）轮廓线等，宽度为 $0.5b$。

（5）细虚线。图例线，小于 $0.5b$ 的不可见轮廓线，宽度为 $0.35b$。

（6）粗点划线。起重机（吊车）轨道线，宽度为 b。

（7）细点划线。中心线、对称线、定位轴线，宽度为 $0.35b$。

图 10-2～图 10-5 表示在各种图样中图线宽度选用法。图中有括号图线宽度，可用于绘制较简单的图样，采用两种线宽 b 和 $0.35b$。

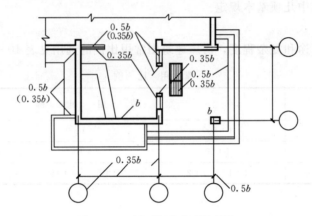

图 10-2 平面图线宽度选用法

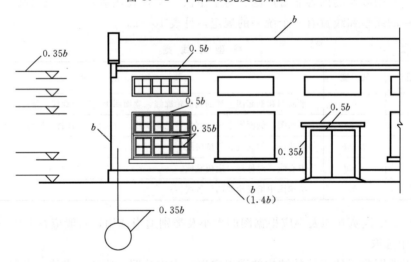

图 10-3 立面图图线宽度选用法

10.2.3 定位轴线

定位轴线是施工时放样的重要依据。凡是承重墙、柱、大梁或屋架等主要承重构件的位置都应画轴线定位，并加以编号。规定平面图上定位轴线的编号，宜标注在图样的下方与左侧。横向编号应用阿拉伯数字，从左至右顺序编写，竖向编号应用大写字母，从下至上顺序编写，编号应注写在轴线端部的圆内。圆应用细实线绘制，直径为 8mm，详图上可增为 10mm，如图 10-6（a）所示。两根轴线之间的附加轴线，应以分母表示前一轴线的编号，分子表示附加轴线的编号，如图 10-6（b）所示。

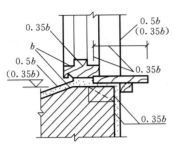

图 10-4　详图图线宽度选用法

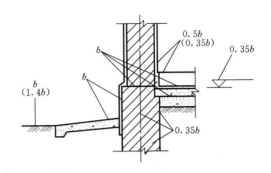

图 10-5　墙身剖面图图线宽度选用法

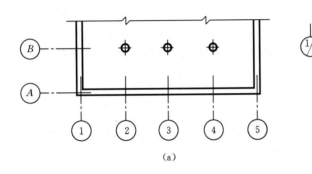

图 10-6　定位轴线

（a）定位轴线的编号；（b）附加轴线的编号

10.2.4　标高

　　个体建筑物图样上的标高符号，应按图 10-7（a）所示形式以细实线绘制。如标注位置不够，可按图 10-7（b）形式绘制。

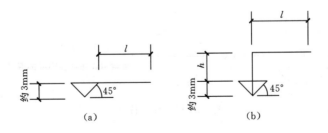

图 10-7　个体建筑标高符号

（a）标高符号一；（b）标高符号二

　　总平面图上的标高符号，宜用涂黑的三角形表示，见图 10-8。

　　标高符号的尖端，应指至被注的高度。尖端可向下或向上。标高数字应以米为单位，注写到小数点以后第三位。在总平面图中，可注写到小数点以后第二位。零点标高应写成 ±0.000，正数标高不注"＋"，负数标高应注"－"，例如 3.000、－0.600。注写形式见图 10-9。

　　标高分绝对标高和相对标高两种。绝对标高以青岛的黄海平均海平面为零点；相对标

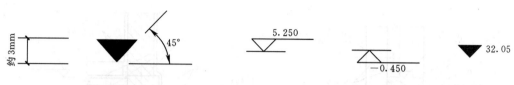

图 10 - 8　总平面图标高符号　　　　　　　图 10 - 9　标高注写形式

高以个体建筑物的室内底层地面为零点。

10.2.5　索引符号和详图符号

图样中的某一局部或构件，如需要另画出详图，应标出索引符号，同时在详图下方标注详图符号，以便读图时查找。

索引符号是用一条引线指出需要另画详图的部位，在引线的另一端画细实线圆（φ10）。通过圆心作一水平线，在上半圆中用阿拉伯数字注明该详图的编号，下半圆中注明该详图所在图纸的图纸号。如果详图与被索引的图样同在一张图纸内，则不注图纸号，而在下半圆中画一段水平细实线。如图 10 - 10 所示。

图 10 - 10　索引符号

详图符号应以粗实线绘制直径为 14mm 的圆。详图与被索引的图样同在一张图纸内时，应在详图符号中用阿拉伯数字注明的编号。如不在同一张图纸内，可用细实线在详图符号内画一水平直径，在上半圆中注明详图编号，在下半圆中注明被索引图纸的图纸号，如图 10 - 11 所示。

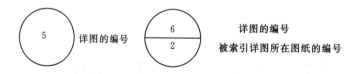

图 10 - 11　详图符号

10.2.6　图例

（1）建筑材料图例。建筑制图标准与水利水电工程制图标准的建筑材料图例基本相同，这里只介绍几种常用材料图例的画法，见表 10 - 3。

表 10 - 3　　　　　　　　　　　　　几 种 建 筑 材 料 图 例

名　称	图　例	说　　明
金　属		斜线一律用 45°细实线

续表

名　称	图　例	说　　明
普通砖	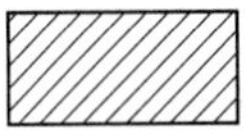	断面较窄，不易画出图例时，可涂红
钢筋混凝土	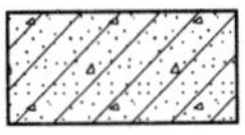	剖面图上画出钢筋时，不画图例线断面较窄，不易画出图例时，可涂黑

（2）构造及配件图例，如表10-4所示。

表 10-4　　　　　　　　构 造 及 配 件

名称	图　例	说　明	名称	图　例	说　明
楼　梯	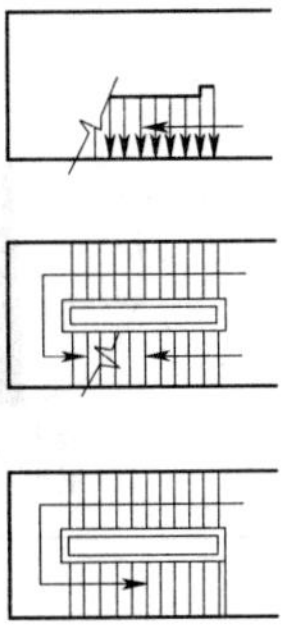	1. 上图为底层楼梯平面，中图为中间层楼梯平面，下图为顶层楼梯平面 2. 楼梯的形式及步数应按实际情况绘制	双扇双面弹簧门		
烟　道			单层固定窗		
通风道			单层外开上悬窗		1. 窗的名称代号用C表示 2. 立面图中的斜线表示窗的开关方向，实线为外开，虚线为内开；开启方向线交角的一侧为安装合页的一侧，一般设计图中可不表示 3. 平、剖面图上的虚线仅说明开关方式，在设计图中不需表示
空门洞			单层外开平开窗		
单扇门（包括平开式单面弹簧）	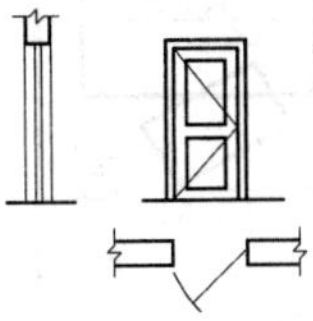	1. 门的名称代号用M表示 2. 剖面图上左为外，右为内，平面图上下为外，上为内 3. 立面图上开启方向线交角的一侧为安装合页的一侧，实线为外开，虚线为内开 4. 平面图上的开启弧线及立面图上的开启方向线在一般设计图上不需表示	单层内开平开窗	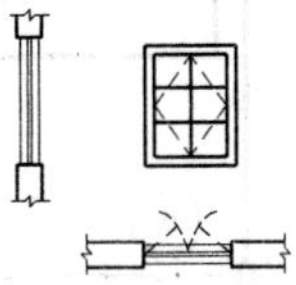	
双扇门					

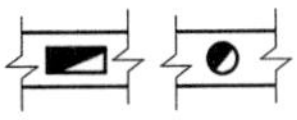

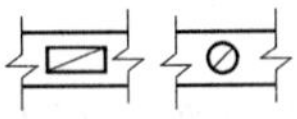

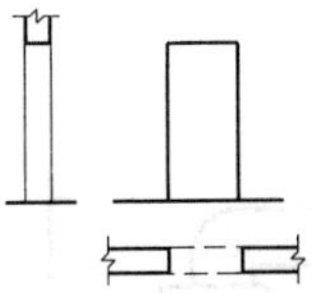

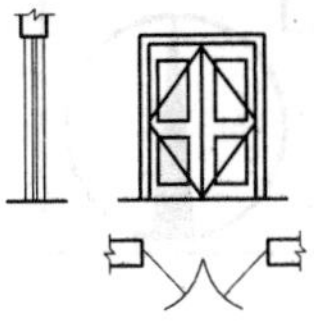

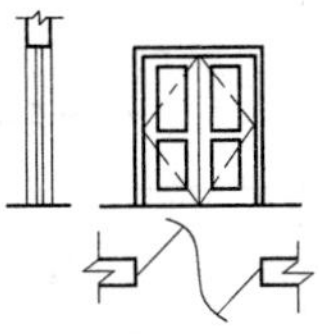

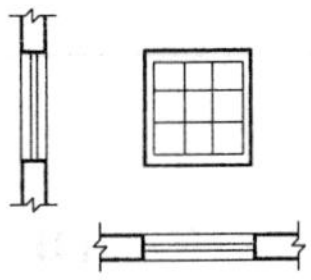

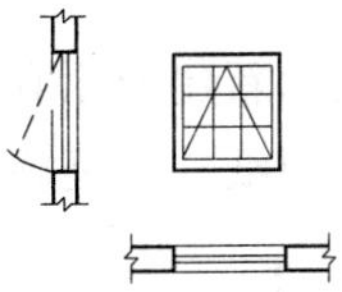

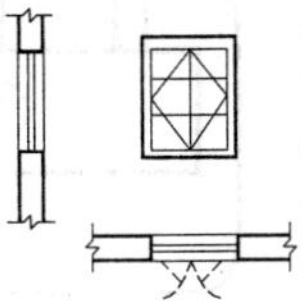

（3）总平面图例，如表10-5所示。

表 10-5   总平面图常用图例

名　称	图　例	名　称	图　例
新建的建筑物	右上角用点数或数字表示层数	原有的道路	
原有的建筑物		台　阶	箭头表示向上
拆除的建筑物		填挖边坡	
围墙及大门		阔叶灌木	
新建的道路	▼15.00　R5	指北针	直径24mm 尾部宽3mm

10.3　建 筑 施 工 图

10.3.1　总平面图

总平面图用来表示新建和原有建筑物的平面位置、朝向、标高及附近的地形、地物、道路、绿化等情况的图纸。它是施工放样的依据，见图10-12。

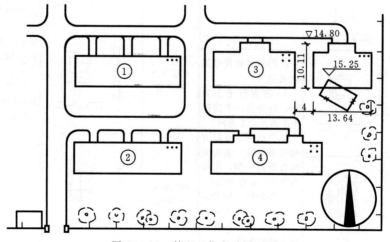

图 10-12　某职工住宅总平面图

总平面图内容:

(1) 表明建筑区内各建筑物位置、层数,道路、室外场地和绿化等的布置情况。

(2) 表明新建或扩建建筑物的具体位置,以米为单位标出定位尺寸或坐标。

(3) 注明新建房屋底层室内地面、室外整平地面和道路的绝对标高。

(4) 画出指北针或风向频率玫瑰图,以表示该地区的常年风向频率和建筑物的朝向。

10.3.2 建筑平面图

1. 表达方法

房屋的建筑平面图是假想用一个水平剖切平面,沿门洞、窗洞把房屋切开,移去剖切平面以上部分,将剖切平面以下部分按直接正投影法绘制所得到的图形称为建筑平面图,见图 10-12。

一般房屋每层画一个平面,并在图形的下方注明相应的图名,如"底层平面图"、"二层平面图"等。如果几个楼层平面布置相同时,也可以只画一个"标准层平面图"。

2. 基本内容

(1) 表示建筑物的平面布置,定位轴线的编号,外墙和内墙的位置,房间的分布及相互关系,入口、走廊、楼梯的布置等,见图 10-13。一般在平面图中注明房间的名称或编号。

(2) 表示门窗的位置和类型,门窗是按构造及配件图例绘制,见表 10-4,并标注名称代号"M"或"C"和编号。

(3) 底层平面图需表明室外散水、明沟、台阶、坡道等内容。二层以上平面图则需表明雨篷、阳台等内容。

(4) 标注出各层地面的相对标高。在平面图中外部一般注有三道尺寸,最外一道为总长、总宽;中间一道是定位轴线的间距;靠里的一道表示门洞、窗洞的位置和大小。内部尺寸则根据需要标注如墙厚、门洞及位置尺寸等。

(5) 标注剖切符号和索引符号。平面图上的剖切位置和剖视方向规定用垂直相交的粗实线表示,剖切位置线长约 5~6mm,剖视方向线约为 3mm,剖视方向宜向左或向上。如图 10-13 中 I—I 剖切符号。

10.3.3 建筑立面图

1. 表达方法

立面图是从房屋的前、后、左、右等方向按直接正投影法绘制的图形。如图 10-14 所示。

立面图的名称,有定位轴线的建筑物,宜根据两端定位轴线号编注立面图名称(如:①~⑤立面图、Ⓐ~Ⓔ立面图),无定位轴线的建筑物,可按平面图各面的方向确定名称。

2. 基本内容

建筑立面图见图 10-14。它所表示的基本内容如下:

(1) 表示建筑物外形轮廓,门窗、台阶、雨篷、阳台、雨水管等的位置和形状。

(2) 标注出室外地坪、楼地面、阳台、檐口、门、窗、台阶等部位的标高。

(3) 表明建筑外墙、窗台、勒脚、檐口等墙面做法及饰面分格等。

10.3.4 建筑剖面图

1. 表达方法

假想用一个铅垂切平面,选择能反映全貌、构造特征以及有代表性的部位剖切,按直

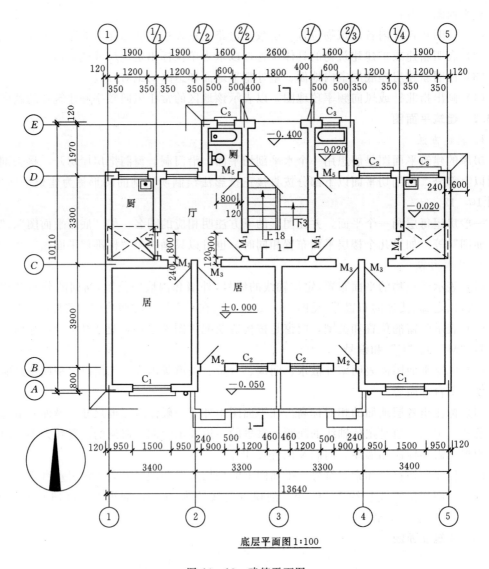

底层平面图1:100

图 10-13 建筑平面图

接正投影法绘制的图形称为剖面图。剖面图的图名应与平面图上所标注的剖切编号一致。见图 10-15，Ⅰ—Ⅰ剖面图与图 10-13 底层平面图中剖切编号Ⅰ、Ⅰ相同。

2. 基本内容

（1）表示房屋建筑构造和构配件的相互关系，如屋顶坡度、楼房的分层、各层楼面的构造、楼梯位置、走向等，见图 10-15。

（2）表明房屋各部位的标高和高度，如室内外地坪、楼面、地面、楼梯、阳台、平台、台阶等处的高度尺寸和标高；楼层的层高和总高等。

（3）用图例或文字说明屋顶、楼面、地面的构造和内墙粉刷装饰等内容。

10.3.5　建筑详图

对于建筑物的某些细部或构配件在平、立、剖面图中无法详尽表达时，可采用放大的

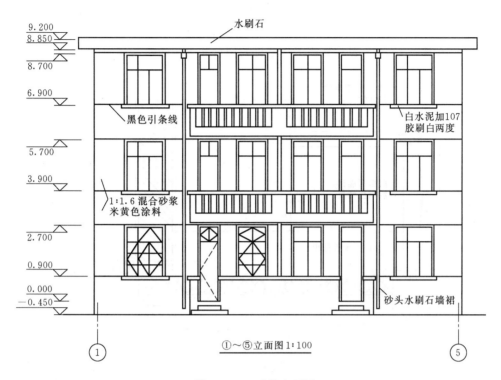

图 10-14 建筑立面图

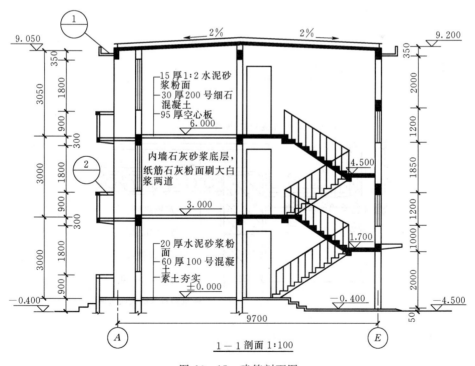

图 10-15 建筑剖面图

比例画出这一部分的图形称为详图。建筑详图有外墙节点、楼梯、门窗、雨篷阳台、台阶等。

图 10－16 和图 10－17 表示某职工住宅楼的阳台和天沟的建筑详图。

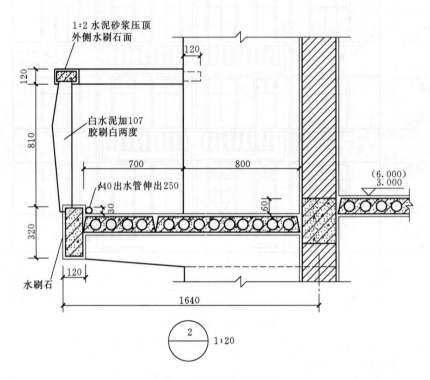

图 10－16 阳台详图

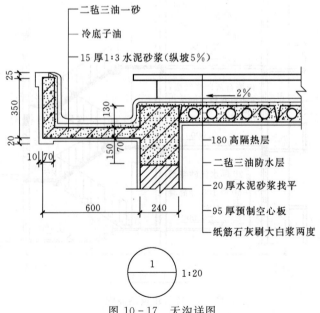

图 10－17 天沟详图

10.4 建筑施工图的阅读

10.4.1 建筑施工图的读图步骤

一套完整的房屋建筑施工图有许多张图纸，要从这些图纸上了解房屋的位置、空间形状、内部分隔、外部装饰、尺寸大小和构造形式等内容，必须掌握一定的读图方法和步骤。

（1）首先看首页图，了解图名、图纸目录和设计说明等内容，对所建房屋有一概括了解。具体如下：

（2）读总平面图，了解房屋所在地区地形、地物、标高和房屋的总长、总宽和定位情况。

（3）对照平、立、剖面图，了解房屋的内外形状、房间分布、大小、构造、装饰和设备等内容。

1）根据平面图，了解墙、柱的位置、尺寸和材料；内部隔墙、门窗洞的位置；各层房间的分布和使用情况；楼梯、卫生设备等的位置。

2）根据平、立、剖面图，了解门、窗的类型、数量和尺寸。

3）根据剖面图、了解墙身、地面、楼面、屋面和楼梯的构造和材料，内部装饰的要求等。

4）根据立面图，了解房屋的外貌，外墙饰面、材料和做法等。

（4）阅读建筑详图，了解房屋的细部或构配件的详细构造、材料和尺寸等。

10.4.2 建筑施工图读图举例

以图 10-12～图 10-17 所示某职工住宅楼建筑施工图为例，说明其读图方法和步骤。

（1）从图名"职工住宅楼"可知该建筑物为民用建筑。

（2）由图 10-12 可知，某职工住宅楼的总平面图是用 1：500 比例绘制。原有建筑物①、②、③、④四幢房屋用细实线表明其平面位置，图形右上角的小黑点数表示其层高。画有"×"的图形表示需要拆除的房屋。房屋之间有道路相连。东、南两侧有砖砌围墙，大门位于南围墙。沿围墙植有阔叶灌木绿化带。新建房屋的平面轮廓用粗实线表示，右上角三个点表示层数。新建房屋的定位是以原有③号房屋为准，西山墙与③号房屋的东山墙间距 4m，南面墙齐平。图中右下角画有指北针符号，表明建筑物朝南。

（3）阅读平面图，图 10-13 为底层平面图，每层一单元，中间为楼梯间，左、右各一户，每户有二室一厅，另有厨房、厕所。由定位轴线可知，起居室的开间为 3.4m 和 3.3m，进深 4.7m 和 3.9m；厅室的开间 3.5m，进深 3.3m；内外墙均为一砖厚。中间起居室有门通向阳台，两户中间有隔墙分开。各室均有一门一窗，从编号可知门有五种形式，窗有三种形式。厨房有搁板和水池；厕所有浴盆和坐便器等卫生设备。外墙周围有 600mm 宽散水；北面入口处有坡道，3 级踏步。每层楼梯为 18 级。底层阳台有台阶通往室外。室内地面标高±0.000；厨房、厕所地面-0.020；阳台地面为-0.050。

（4）阅读剖面图，见图 10-15。由平面图可知Ⅰ—Ⅰ剖面是通过楼梯间、起居室和阳台垂直剖切的，表达了楼梯的垂直方向连接情况。入口处下有斜坡道，上有雨篷；进入楼内经 3 级踏步到达底层地面，标高为±0.000；底层楼梯第一梯段有 11 级踏步至休息平台，标高为 1.700；第二梯段有 7 级踏步至二层楼面，标高为 3.000；二层楼梯的两个梯段均有 9 级踏步，二层休息平台标高为 4.500；三层楼面标高为 6.000。同时表达了地面、楼面、屋顶、内外墙、门墙、阳台、天沟以及圈梁、过梁的位置和构造。高度尺寸表示了门、窗洞的高度和定位尺寸及各层的层高。由文字注解还可以看出、地面和内墙粉刷的做法。索引符号表示了天沟和阳台另画有构造详图 1、2。

（5）阅读立面图，见图 10－14。①～⑤立面图是某职工住宅楼的南立面图。该住宅楼为三层平屋顶。表达了门窗、阳台、窗台、檐口、台阶、雨水管等的位置、形状以及门窗的开启方向。两边为三扇外开窗，中间有单扇内开门通阳台，另有两扇外开窗。注有室外地坪、室内地面、窗台、窗沿、檐口各主要部位的标高；文字注解说明了外墙装饰的做法，用混合砂浆粉刷米黄色涂料，沿窗台和窗沿有水平黑色引条线，窗台白水泥加 107 胶刷白二度，檐口水刷石，窗台以下做砂头水刷石墙裙。

（6）阅读详图，见图 10－16 和图 10－17。详图①表达了天沟和屋面的构造和尺寸。天沟为现浇钢筋混凝土结构，沟底铺 15mm 厚 1∶3 水泥砂浆（纵坡 5‰），上浇冷底子

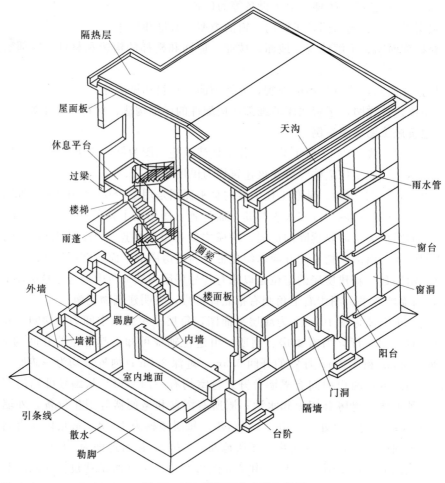

图 10-18　某职工住宅楼立体图

油，再作二毡三油一砂防渗层。屋面为柔性防水屋面，上设隔热层做法如图中注解。详图②表达了阳台的构造、材料和详细尺寸。阳台板用两块空心板搁置在阳台悬臂梁上，预制栏杆隔板间距150，上下与钢筋混凝土压顶和阳台梁嵌牢。

由于篇幅所限，只选用了该套建筑施工图的部分图纸，仅供教学和学生读图练习用。图 10-18 是该住宅的立体图。